计算机应用基础

(Windows 10 + Office 2016)

主 编 周国红 朱新建 陈修勇

苏州大学出版社

图书在版编目(CIP)数据

计算机应用基础：Windows 10 + Office 2016 / 周国红，朱新建，陈修勇主编. —苏州：苏州大学出版社，2021.8(2024.6重印)
　ISBN 978-7-5672-3524-3

　Ⅰ.①计… Ⅱ.①周… ②朱… ③陈… Ⅲ.①Windows 操作系统-中等专业学校-教材②办公自动化-应用软件-中等专业学校-教材 Ⅳ.①TP316.7②TP317.1

中国版本图书馆 CIP 数据核字(2021)第 152273 号

计算机应用基础(Windows 10 + Office 2016)
周国红　朱新建　陈修勇　主编
责任编辑　马德芳

苏 州 大 学 出 版 社 出 版 发 行
(地址：苏州市十梓街1号　邮编：215006)
苏州市深广印刷有限公司印装
(地址：苏州市高新区浒关工业园青花路6号2号楼　邮编：215151)

开本 787mm×1 092mm　1/16　印张 14　字数 332 千
2021 年 8 月第 1 版　2024 年 6 月第 4 次印刷
ISBN 978-7-5672-3524-3　定价：39.00 元

若有印装错误，本社负责调换
苏州大学出版社营销部　电话：0512-67481020
苏州大学出版社网址　http://www.sudapress.com
苏州大学出版社邮箱　sdcbs@suda.edu.cn

《计算机应用基础(Windows 10 + Office 2016)》
编 写 组

主　　编　周国红　朱新建　陈修勇
副 主 编　李　湘　戴鹏飞　鸦　伟
　　　　　朱胜强　梅怀明
编写人员　肖　剑　张舒心　祝晨程
　　　　　高树春　束颖丹　王　莉
　　　　　王亚珍　张　卫　张　鸣
　　　　　陈　婷　丁小丽　李乡伟

前言

新形势下,计算机技术在各行各业的应用越来越广泛,和人们的工作、生活越来越密切,掌握计算机基础知识和技能已成为适应社会的一项必备技能。为了适应新时代的变化、满足广大社会人员专业学习的需求,我们结合国家计算机一级B考试的新大纲要求,组织相关专家编写了本书。

本书采用项目化的结构编写,共分为六个项目:项目1为计算机基础知识,项目2为Windows 10操作系统,项目3为文字处理软件Word 2016,项目4为电子表格处理软件Excel 2016,项目5为演示文稿制作软件PowerPoint 2016,项目6为数据库基础与Access 2016(项目6为选择性学习内容)。我们结合教学经验,在编写本书时将各个知识点融入到具体实际项目中,给每个项目都配有习题和素材,既注重知识的应用性,又注重教学的可操作性。

本书由周国红、朱新建、陈修勇任主编,李湘、戴鹏飞、鸦伟、朱胜强、梅怀明任副主编,参加编写的人员还有肖剑、张舒心、祝晨程、高树春、束颖丹、王莉、王亚珍、张卫、张鸣、陈婷、丁小丽、李乡伟。此书在编写和出版的过程中得到了学院领导的大力支持,在此表示衷心的感谢。

本书相关配套资源请至苏大教育平台(http://www.sudajy.com)下载。

由于编者水平有限,书中难免存在不足之处,敬请广大读者批评指正。

目 录

项目 1　计算机基础知识

任务 1.1　计算机的发展及工作原理　／1

任务 1.2　计算机系统的组成　／6

任务 1.3　计算机网络及病毒防治　／18

项目实战　／24

项目 2　Windows 10 操作系统

任务 2.1　Windows 10 的基本操作　／28

任务 2.2　文件和文件夹的操作　／36

任务 2.3　控制面板中常用属性的设置　／47

项目实战　／56

项目 3　文字处理软件 Word 2016

任务 3.1　文档的建立　／59

任务 3.2　文档的编辑　／63

任务 3.3　文档的格式化　／65

任务 3.4　表格的建立与编辑　／76

任务 3.5　图文混排　／81

项目实战　／86

项目 4　电子表格处理软件 Excel 2016

任务 4.1　数据的输入与编辑　／90

任务 4.2　表格的操作界面管理　／103

任务 4.3　基本计算处理　／109

任务 4.4　数据的高效管理　／121

任务 4.5　数据的图表展示　/ 128

任务 4.6　数据透视表的建立　/ 131

项目实战　/ 135

项目 5　演示文稿制作软件 PowerPoint 2016

任务 5.1　演示文稿的建立　/ 143

任务 5.2　演示文稿的主题设置和放映　/ 148

任务 5.3　幻灯片的制作和修饰　/ 152

任务 5.4　幻灯片放映效果的设置　/ 163

项目实战　/ 168

项目 6　数据库基础与 Access 2016

任务 6.1　了解数据库技术　/ 175

任务 6.2　初识 Access 2016　/ 183

任务 6.3　Access 2016 数据表的操作　/ 188

任务 6.4　数据表的查询　/ 206

项目实战　/ 212

项目 1　计算机基础知识

任务 1.1　计算机的发展及工作原理

学习目标

- 了解计算机的发展史。
- 了解计算机的主要特点和发展趋势。
- 了解计算机的应用领域。
- 了解计算机的工作原理。

导读

在当今社会生产、生活的各个领域,计算机已经成为人们必不可少的工具。人们在工作和学习之余用计算机上网、听音乐;找工作时利用计算机制作简历;广告公司利用计算机制作精美的图片;等等。那么它的工作原理是什么呢? 它又是怎么发展起来的呢?

任务实施

一、什么是计算机

计算机(Computer)是一种能接收和存储信息,并按照存储在其内部的程序(这些程序是人们意志的体现)对输入的信息进行加工、处理,然后把处理结果输出的高度自动化的电子设备。

二、计算机的发展历程

1. 电子计算机的发展

从 1946 年第一台电子计算机 ENIAC 诞生到今天,计算机的发展已经经历了四个阶段(表 1-1),现正向第五代过渡。

表1-1 计算机发展的四个阶段

代次	起止年份	所用电子元器件	数据处理方式	运算速度/(次·秒$^{-1}$)	应用领域
第一代	1946—1958	电子管(真空管)	汇编语言、代码程序	几千至几万	国防及高科技
第二代	1958—1965	晶体管	高级程序设计语言	几万至几十万	工程设计、数据处理
第三代	1965—1972	中小规模集成电路	结构化、模块化程序设计,实时控制	几十万至几百万	工业控制、数据处理
第四代	1972年至今	大规模、超大规模集成电路	分时、实时数据处理,计算机网络	几百万至上亿	工业、生活等各方面

2. 微型计算机的发展

20世纪70年代初,美国Intel公司采用先进的微电子技术将运算器和控制器集成到一块芯片中,称之为微处理器(MPU)。随后计算机的发展迎来了个人电脑(PC)时代,PC也称微型计算机,其发展大约经历了六个阶段,如表1-2所示。

表1-2 微机的六个发展阶段

代次	起止年份	典型CPU	数据位数	主频
第一代	1971—1973	Intel 4004、8008	4位、8位	1 MHz
第二代	1973—1975	Intel 8080	8位	2 MHz
第三代	1975—1978	Intel 8085	8位	2~5 MHz
第四代	1978—1981	Intel 8086	16位	>5 MHz
第五代	1981—1993	Intel 80386、80486	32位	>25 MHz
第六代	1993年至今	Pentium(奔腾)、Core(酷睿)系列	32位、64位	60 MHz~2 GHz

3. 我国计算机的发展情况

我国计算机的发展始于20世纪50年代。

1952年,我国的第一个电子计算机科研小组在中科院数学所内成立。

1960年,我国第一台自行研制的通用电子计算机107机问世。

1964年,我国研制出大型通用电子计算机119机,这是我国用于第一颗氢弹研制工作的计算任务。

20世纪70年代以后,我国生产的计算机进入了集成电路计算机时期。

1974年,我国设计的DJS-130机通过鉴定并投入批量生产。

进入20世纪80年代,我国又研制出巨型机。

1982年,我国独立研制的银河Ⅰ型巨型计算机,运算速度为1亿次/秒。

1992年11月,由国防科技大学研制的银河Ⅱ型巨型计算机,运算速度为10亿次/秒。

1997年6月,我国研制的银河Ⅲ型巨型计算机,运算速度为130亿次/秒。这些机器的出现,标志着我国的计算机技术水平踏上一个新台阶。

1999年,银河四代巨型机研制成功。

2000年,我国自行研制出高性能计算机"神威Ⅰ",其主要技术指标和性能达到国际先进水平。我国成为继美国、日本之后世界上第三个具备研制高性能计算机能力的国家。

2005年4月18日,完全由我国科学界自行研发、拥有自主知识产权的中国首款64位高性能通用CPU芯片——"龙芯二号"芯片正式发布。这款芯片的性能经检测已达到Intel Pentium 3水平,比2002年9月28日发布的"龙芯一号"提高了10倍。

2016年6月,由国家并行计算机工程技术研究中心研制的"神威·太湖之光"成为世界上第一台运算速度突破10亿亿次/秒的超级计算机。

三、计算机的特点

计算机是高度自动化的信息处理设备。其主要特点有处理速度快、计算精度高、记忆能力强、逻辑判断能力可靠、通用性强等。

- 处理速度快:计算机的运算速度用MIPS(每秒百万条指令)来衡量。
- 计算精度高:数的精度主要由表示这个数的二进制码的位数决定。
- 记忆能力强:存储器能存储大量的数据和程序。
- 逻辑判断能力可靠:具有可靠的逻辑判断能力是计算机的一个重要特点,是计算机能实现信息处理自动化的重要原因。
- 通用性强。

四、计算机的性能指标

计算机的主要性能指标有主频、字长、内存容量、存取周期、运算速度及其他指标。

1. 主频(时钟频率)

主频是指计算机CPU在单位时间内输出的脉冲数,它在很大程度上决定了计算机的运行速度,其常用单位为MHz、GHz。

2. 字长

字长是指计算机的运算部件能同时处理的二进制数据的位数,字长决定运算精度。

3. 内存容量

内存容量是指内存储器中能存储的信息总字节数,通常以8个二进制位(bit)作为一个字节(Byte),其常用单位是MB或GB。

4. 存取周期

存取周期是指存储器连续两次独立的"读"或"写"操作所需的最短时间,单位是纳秒(ns, $1ns = 10^{-9}s$)。存储器完成一次"读"或"写"操作所需的时间称为存储器的访问时间(或读写时间)。

5. 运算速度

运算速度是一个综合性的指标,单位为MIPS。影响运算速度的因素主要是主频和存取周期,字长和存储容量也有影响。

6. 其他指标

其他指标有机器的兼容性(包括数据和文件的兼容、程序兼容、系统兼容和设备兼容)、系统的可靠性(平均无故障工作时间MTBF)、系统的可维护性(平均修复时间MTTR)、机器允许配置的外部设备的最大数目、计算机系统的汉字处理能力、数据库管理系统及网络功能等,性能价格比也是一个综合评价计算机性能的指标。

五、计算机的发展趋势

计算机的发展趋势包括智能化、巨型化、微型化、网络化、多媒体化。

1. 巨型化

巨型化是指计算机具有更高的运算速度、更大的存储空间、更强大和完善的功能。

2. 微型化

随着大规模及超大规模集成电路技术的发展,从第一块微处理器芯片问世以来,计算机微型化发展速度与日俱增。计算机芯片的集成度每 18 个月翻一番,而价格则减一半,这就是著名的摩尔定律。计算机芯片的集成度越来越高,所完成的功能越来越强,计算机微型化的进程和普及率越来越快。

3. 网络化

计算机网络是计算机技术和通信技术紧密结合的产物。尤其进入 20 世纪 90 年代以来,随着 Internet 的飞速发展,计算机网络已广泛应用于政府、学校、企业、科研、家庭等领域,越来越多的人接触并了解到计算机网络的概念。计算机网络将不同地理位置上具有独立功能的不同计算机通过通信设备和传输介质互联起来,在通信软件的支持下,实现网络中的计算机之间资源共享、信息交换、协同工作。计算机网络的发展水平已成为衡量一个国家现代化程度的重要指标,在社会经济发展中发挥着极其重要的作用。

4. 智能化

智能化是指让计算机能够模拟人类的智力活动,如学习、感知、理解、判断、推理等,计算机具备理解自然语言、声音、文字和图像的能力,具有说话的能力,使人机能够用自然语言直接对话。它可以利用已有的和不断学习到的知识,进行思维、联想、推理,并得出结论,能解决复杂问题,具有汇集记忆、检索有关知识的能力。

5. 多媒体化

计算机已经不仅能够处理文字、数据,而且具有对声音、图形、图像、动画、视频等多种媒体信息的处理能力,它在教育、电子娱乐、网上医疗、电子商务、远程会议等方面都得到了广泛的应用。

从目前计算机的研究情况可以看到,未来计算机将有可能在光子计算机、生物计算机、量子计算机等方面的研究领域上取得重大的突破。

六、计算机的类型

计算机可按用途、规模或处理对象等多方面进行划分。

1. 按用途划分

计算机按用途划分,可分为通用机和专用机。

(1) 通用机

通用机适用于解决多种一般问题,该类计算机使用领域广泛、通用性较强,在科学计算、数据处理和过程控制等多种用途中都能适应。

(2) 专用机

专用机用于解决某个特定方面的问题,配有为解决某问题的软件和硬件,如在生产过程自动化控制、工业智能仪表等方面的专门应用。

2. 按规模划分

依据 IEEE(美国电气和电子工程师协会)的划分标准,计算机可分为巨型机、小巨型机、大型主机、小型机、工作站、微型机。

(1) 巨型机

巨型机也称为超级计算机,在所有计算机类型中价格最贵、功能最强,其浮点运算速度最快。巨型机多用于战略武器的设计、空间技术、石油勘探等领域。巨型机的研制水平、生产能力及其应用程度,已成为衡量一个国家经济实力和科学水平的重要标志。

(2) 小巨型机

小巨型机是小型超级电脑,或称桌上型超级计算机,功能略低于巨型机,但价格仅为巨型机的十分之一。

(3) 大型主机

大型主机或称大型电脑,特点是大型、通用,具有很强的处理和管理能力,主要用于大银行、大公司、规模较大的高校和科研院所,在计算机向网络迈进的时代,仍有大型主机的生存空间。

(4) 小型机

小型机结构简单,可靠性高,成本较低,对于广大中小企业用户,其比昂贵的大型主机具有更大的吸引力。

(5) 工作站

工作站是介于 PC 和小型机之间的一种高档机,其运算速度比 PC 快,且具有较强的联网功能,主要用于特殊的专业领域,如图像处理、计算机辅助设计等。

(6) 微型机

微型机也称个人电脑,简称 PC,以其设计先进、软件丰富、功能齐全、价格便宜等优势而拥有广大的用户。除了台式机外,PC 还有膝上型、笔记本、掌上型等。微型机是目前应用最为广泛的计算机。

3. **按处理对象划分**

计算机按处理对象划分,可分为数字计算机、模拟计算机和数字模拟混合计算机。

(1) 数字计算机

计算机处理数据时输入和输出的数值都是数字量。

(2) 模拟计算机

模拟计算机处理的数据对象直接为连续的电压、温度、速度等模拟数据。

(3) 数字模拟混合计算机

该类计算机的输入、输出既可是数字,也可是模拟数据。

七、计算机的应用领域

计算机的应用范围,按其应用特点可分为科学计算、信息处理、过程控制、计算机辅助系统、多媒体技术、计算机通信、人工智能等。

1. **科学计算**

科学计算是指计算机用于完成科学研究和工程技术中所提出的数学问题(数值计算)。一般要求计算机速度快,精度高,存储容量相对大。科学计算是计算机最早的应用。

2. **信息处理**

信息处理主要是指非数值形式的数据处理,包括对数据资料的收集、存储、加工、分类、排序、检索和发布等一系列工作。信息处理包括办公自动化(OA)、企业管理、情报检索、报刊编排处理等。其特点是要处理的原始数据量大,而算术运算较简单,有大量的逻辑运算与判断,结果要求以表格或文件形式存储、输出。要求计算机的存储容量大,速度则没有要求。信息处理目前应用最广,占所有应用的80%左右。

3. 过程控制

过程控制是指将计算机用于科学技术、军事领域、工业、农业等各个领域。计算机控制系统中,需有专门的数字—模拟转换设备和模拟—数字转换设备(称为D/A转换和A/D转换)。由于过程控制一般都是实时控制,有时对计算机速度的要求不高,但要求可靠性高、响应及时。

4. 计算机辅助系统

计算机辅助系统有计算机辅助教学(CAI)、计算机辅助设计(CAD)、计算机辅助制造(CAM)、计算机辅助测试(CAT)、计算机集成制造(CIMS)等系统。

5. 多媒体技术

多媒体技术是指把数字、文字、声音、图形、图像和动画等多种媒体有机组合起来,利用计算机、通信和广播电视技术,使它们建立起逻辑联系,并能进行加工处理(包括对这些媒体信息的录入、压缩和解压缩、存储、显示和传输等)的技术。目前多媒体计算机技术的应用领域正在不断拓宽,除了知识学习、电子图书、商业及家庭应用外,在远程医疗、视频会议中都得到了极大的推广。

6. 计算机通信

计算机通信是计算机技术与通信技术相结合的产物,计算机网络技术的发展,将处在不同地域的计算机用通信线路连接起来,配以相应的软件,以达到资源共享的目的。

7. 人工智能

人工智能是研究、解释和模拟人类智能、智能行为及其规律的一门学科。其主要任务是建立智能信息处理理论,进而设计可以展现某些近似于人类智能行为的计算系统。人工智能学科包括:知识工程、机器学习、模式识别、自然语言处理、智能机器人和神经网络计算等多方面的研究。

1. 什么是计算机?
2. 计算机的发展历程有哪些?
3. 计算机的主要特点有哪些?
4. 计算机主要应用在哪些领域?

任务1.2 计算机系统的组成

学习目标

- 掌握计算机硬件系统的组成。
- 掌握计算机软件系统的组成。

- 了解计算机中信息的表示方法。

用户在选购计算机的时候,经常会碰到这种情况:市场里计算机种类繁多、琳琅满目,而且同一种配置的计算机价格也可能不一样,不知该如何选择。如何选择性价比高的计算机呢?怎样选择适合自己的计算机呢?只有了解了计算机的组成,才能解决这些问题。

一、计算机系统的组成

一个完整的计算机系统包括硬件(硬件系统)和软件(软件系统)两部分,如图1-1所示。

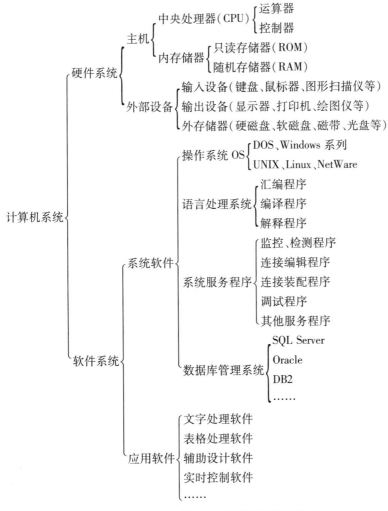

图1-1 计算机系统的组成

1. 硬件(Hardware)

硬件(Hardware)是计算机的实体,又称硬设备,是所有固定装置的总称,像CPU、主板、鼠标、显示器、打印机等,它是计算机的物质基础。

2. 软件(Software)

软件(Software)是一系列按照特定顺序组织的计算机数据和指令的集合,泛指各类程序和文档,这些程序和文档是用来运行、管理、维护计算机的。

二、计算机硬件系统

从外观来看,计算机硬件由主机和外部设备组成,如图1-2所示。

图1-2　计算机的外观组成

不管是哪种外形的计算机,组成计算机硬件的基本部件都包括五大部件:运算器、控制器、存储器、输入设备和输出设备,如图1-3所示。

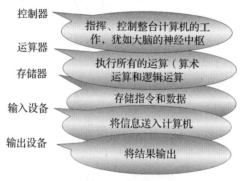

图1-3　计算机硬件的组成

1. 中央处理器

中央处理器(Central Processing Unit,CPU)是一块超大规模的集成电路,它的功能主要是解释计算机指令以及处理计算机软件中的数据。

CPU是计算机的"大脑",即计算机的核心部件,其外形如图1-4所示。CPU主要由运算器和控制器组成。

图 1-4 中央处理器

CPU 的性能是计算机的主要性能技术指标之一,人们习惯用 CPU 的档次来大体表示微机的规格。衡量 CPU 的一个性能指标是"主频",主频越高,计算机的处理速度越快。

2. **存储器**

存储器是计算机用来保存程序、数据、文档资料及程序运行结果的记忆装置。

存储器可分为主存储器(内存)和辅助存储器(外存),其外形和特点如图 1-5 所示。

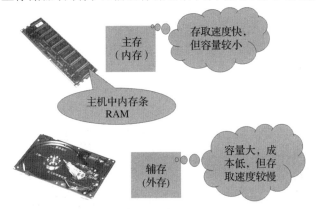

图 1-5 存储器

内存又可分为随机存储器(RAM)和只读存储器(ROM)两大类。

RAM 是一种读写存储器,其内容可以读出或写入,断电后信息会丢失。

ROM 主要用来存放最基本的输入/输出控制程序,其中的信息只能读出不能写入,断电后信息不会丢失。

目前,常见的外存储器主要有硬盘、光盘、移动硬盘、U 盘等,如图 1-6 所示。

硬盘　　　　　光盘　　　　　移动硬盘　　　　　U 盘

图 1-6 外存储器

3. **计算机输入/输出(I/O)设备**

输入设备:使计算机从外部获得信息的设备。常用的输入设备有键盘、鼠标、扫描仪、话筒等,如图 1-7 所示。

输出设备:把计算机信息处理的结果以人们能够识别的形式表现出来的设备。常用的输出设备有显示器、打印机、绘图仪、音箱、耳机等,如图 1-8 所示。

图 1-7 输入设备

图 1-8 输出设备

4. 主板

主板是主机箱内用于连接计算机各个部件的一块电路板,如图 1-9 所示。

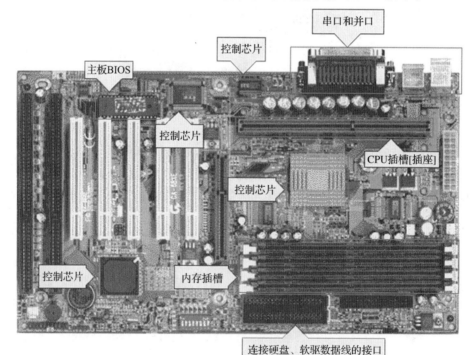

图 1-9 主板

三、计算机软件系统

计算机软件系统包括系统软件和应用软件两大类。

系统软件:控制和协调计算机及外部设备,支持应用软件开发和运行的操作系统软件。操作系统(OS)是计算机的大管家,它负责管理和控制计算机各个部件协调一致地工作,是一个最基本、最重要的系统软件。一台计算机必须安装了操作系统才能正常工作。

应用软件:为解决用户实际问题而编制的计算机应用程序。

四、存储容量

计算机中各种存储容量的单位都是用字节(Byte,简称 B)来表示的,此外还有 KB、MB、GB 和 TB,它们之间的关系是:

$$1 \text{ KB} = 1\ 024 \text{ B} = 2^{10} \text{ B}$$
$$1 \text{ MB} = 1\ 024 \text{ KB} = 2^{20} \text{ B}$$
$$1 \text{ GB} = 1\ 024 \text{ MB} = 2^{30} \text{ B}$$
$$1 \text{ TB} = 1\ 024 \text{ GB} = 2^{40} \text{ B}$$

b(bit):位,是计算机中最小的信息单位。

B:字节,是 Byte 的简称,它是计算机数据存储的基本单位。1 B = 8 b,即一个字节由 8 位二进制数组成。一个英文字符信息需要一个字节存储,也就是 1 B;一个汉字需要两个字节存储,也就是 2 B。

五、计算机的基本工作原理

1946 年,美籍匈牙利数学家冯·诺依曼提出了关于计算机的构成模式和工作原理的基本设想。冯·诺依曼提出计算机的基本构成应包括运算器、存储器、控制器、输入设备和输出设备五大基本部件,计算机中程序和程序运行所需要的数据应采用二进制形式存储和表示。计算机的工作原理为:总体来看,计算机系统应按照下述模式工作,将编好的程序和原始数据输入并存储在计算机的内存储器中;计算机按照程序逐条取出指令加以分析,并执行指令规定的操作。这一原理称为"存储程序控制"原理,是现代计算机的基本工作原理,至今的计算机仍采用这一原理,如图 1-10 所示。

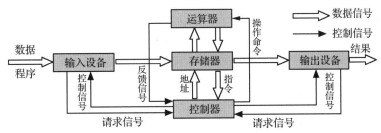

图 1-10 计算机的工作原理

六、计算机中的信息表示

1. 进位计数制

按一定进位原则进行计数的方法称为计数制。它是指用一组固定的符号和统一的规则来表示数值的方法。在采用进位计数的数字系统中,如果用 r 个基本符号(如 $0,1,2,\cdots,r-1$)表示数值,则称其为 r 进制数,r 称为该数制的基数,而数制中每一数字位置上对应的固定值称为权值。一般情况下,对于 r 进制数,整数部分第 i 位(从右至左)的权值为 r^{i-1},而小数部分第 j 位的权值为 r^{-j}。

为了区别各种数制,一般用( )带下标来表示不同进制的数。例如,十进制数用"( )$_{10}$"表示,二进制数用"( )$_2$"表示。或者在数的后面加一个大写字母表示该数的进制。例如,B 表示二进制,O 表示八进制,D 或不带字母表示十进制,H 表示十六进制。

计算机中常用的几种进位计数制如下:

(1) 十进制(十进位计数制)

具有十个不同的数码符号 0,1,2,3,4,5,6,7,8,9,其基数为 10;十进制数的特点是逢十进一。例如:

$$852.65 = 8 \times 10^2 + 5 \times 10^1 + 2 \times 10^0 + 6 \times 10^{-1} + 5 \times 10^{-2}$$

(2) 八进制(八进位计数制)

具有八个不同的数码符号 0,1,2,3,4,5,6,7,其基数为 8;八进制数的特点是逢八进一。例如:

$$(1011)_8 = 1 \times 8^3 + 0 \times 8^2 + 1 \times 8^1 + 1 \times 8^0$$

(3) 十六进制(十六进位计数制)

具有十六个不同的数码符号 0,1,2,3,4,5,6,7,8,9,A,B,C,D,E,F,其基数为 16;十六进制数的特点是逢十六进一。例如:

$$(2D3F)_{16} = 2 \times 16^3 + 13 \times 16^2 + 3 \times 16^1 + 15 \times 16^0$$

(4) 二进制(二进位计数制)

二进制数和十进制数一样,也是一种进位计数制,但它的基数是 2。数中 0 和 1 的位置不同,它所代表的数值也不同。例如:

$$(1101)_2 = 1 \times 2^3 + 1 \times 2^2 + 0 \times 2^1 + 1 \times 2^0$$

一个二进制数具有两个基本特点:有两个不同的数字符号,即 0 和 1;逢二进一。

2. 各进制数之间的转换

(1) 十进制数与二进制数之间的转换

① 将十进制整数转换成二进制整数。

把一个十进制整数转换为二进制整数的方法是:把被转换的十进制整数反复地除以 2,直到商为 0,所得的余数(从末位读起)就是这个数的二进制表示,简单地说,就是"除 2 取余"法。例如,将十进制整数(37)$_{10}$转换成二进制整数的方法如图 1-11 所示。

于是,将十进制整数转换成八进制整数的方法是"除 8 取余"法,将十进制整数转换成十六进制整数的方法是"除 16 取余"法。

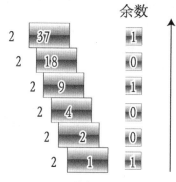

图 1-11 "除 2 取余"法

② 将十进制小数转换成二进制小数。

将十进制小数转换成二进制小数是将十进制小数连续乘以 2,选取进位整数,直到满足精度要求为止,简称"乘 2 取整"法。例如,将十进制小数(0.687 5)$_{10}$转换成二进制小数的方法如图 1-12 所示。

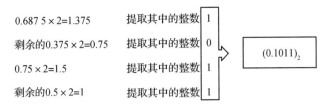

0.687 5×2=1.375　　提取其中的整数 1
剩余的0.375×2=0.75　提取其中的整数 0　　→　$(0.1011)_2$
0.75×2=1.5　　　　　提取其中的整数 1
剩余的0.5×2=1　　　 提取其中的整数 1

图1-12　"乘2取整"法

将十进制小数 0.687 5 连续乘以 2,把每次所进位的整数按从上往下的顺序写出。于是,$(0.687\,5)_{10}=(0.1011)_2$。

③ 将二进制数转换成十进制数。

把二进制数转换为十进制数的方法是:将二进制数按权展开求和即可。例如,将$(10110011.101)_2$ 转换成十进制数的方法如下(从高位到低位):

$1×2^7$ 代表十进制数 128　　　　$0×2^6$ 代表十进制数 0

$1×2^5$ 代表十进制数 32　　　　 $1×2^4$ 代表十进制数 16

$0×2^3$ 代表十进制数 0　　　　　$0×2^2$ 代表十进制数 0

$1×2^1$ 代表十进制数 2　　　　　$1×2^0$ 代表十进制数 1

$1×2^{-1}$ 代表十进制数 0.5　　　 $0×2^{-2}$ 代表十进制数 0

$1×2^{-3}$ 代表十进制数 0.125

于是,$(10110011.101)_2=128+32+16+2+1+0.5+0.125=(179.625)_{10}$。

同理,将非十进制数转换成十进制数的方法是:把各个非十进制数按权展开求和,即把二进制数(或八进制数或十六进制数)写成2(或8或16)的各次幂之和的形式,然后再计算其结果。

(2) 二进制数与八进制数之间的转换

二进制数与八进制数之间的对应关系是:八进制数的每1位对应二进制数的3位。

① 将二进制数转换成八进制数。

由于二进制数和八进制数之间存在特殊关系,即 $8^1=2^3$,因此具体转换方法是:将二进制数从小数点开始,整数部分从右向左3位一组,小数部分从左向右3位一组,不足3位用0补足即可。例如,将$(10110101110.11011)_2$ 转化为八进制数的方法如下:

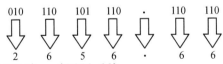

于是,$(10110101110.11011)_2=(2656.66)_8$。

② 将八进制数转换成二进制数。

方法为:以小数点为界,向左或向右每1位八进制数用相应的3位二进制数取代,然后将其连在一起即可。例如,将$(6237.431)_8$ 转换为二进制数的方法如下:

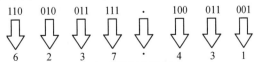

于是,$(6237.431)_8=(110010011111.100011001)_2$。

（3）二进制数与十六进制数之间的转换

① 将二进制数转换成十六进制数。

二进制数的每4位刚好对应于十六进制数的1位,其转换方法是:将二进制数从小数点开始,整数部分从右向左4位一组,小数部分从左向右4位一组,不足4位用0补足,每组对应1位十六进制数,即可得到十六进制数。

例如,将二进制数(101001010111.110110101)$_2$ 转换为十六进制数的方法如下:

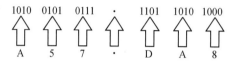

于是,(101001010111.110110101)$_2$ = (A57.DA8)$_{16}$。

② 将十六进制数转换成二进制数。

方法为:以小数点为界,向左或向右每1位十六进制数用相应的4位二进制数取代,然后将其连在一起即可(整数前面的0可以省略)。

例如,将(3AB.11)$_{16}$ 转换成二进制数的方法如下:

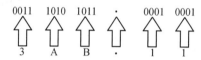

于是,(3AB.11)$_{16}$ = (1110101011.00010001)$_2$。

3. 十进制数与二进制数、八进制数、十六进制数的对照表

十进制数与二进制数、八进制数、十六进制数的对照关系如表1-3所示。

表1-3 十进制数与二进制数、八进制数、十六进制数的对照表

十进制	0	1	2	3	4	5	6	7	8	9	10	11	12	13	14	15
二进制	0000	0001	0010	0011	0100	0101	0110	0111	1000	1001	1010	1011	1100	1101	1110	1111
八进制	0	1	2	3	4	5	6	7	10	11	12	13	14	15	16	17
十六进制	0	1	2	3	4	5	6	7	8	9	A	B	C	D	E	F

4. 数值型数据表示

通常采用二进制数的最高位来表示符号(符号位),用"0"表示正数,"1"表示负数。例如,二进制数"+1101000"在计算机内表示为:

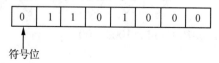

机器数:计算机内的数据存放形式称为机器数,或机器码。

真值:带"+""-"的数,如"-101.11"。

真值"-101.11"的机器数是"1101.11"。

(1) 整数的表示

计算机中的整数一般用定点数表示,定点数指小数点在数中有固定的位置。整数又可分为无符号整数(不带符号的整数)和有符号整数(带符号的整数)。无符号整数中,所有二进制位全部用来表示数的大小,有符号整数用最高位表示数的正负号,其他位表示数的大小。如果用一个字节表示一个无符号整数,其取值范围是 $0 \sim 255$,即 $0 \sim 2^8 - 1$;如果表示一个有符号整数,其取值范围是 $-128 \sim +127$,即 $-2^7 \sim 2^7 - 1$。例如,如果用一个字节表示整数,则能表示的最大正整数为 01111111(最高位为符号位),即最大值为 127,若数值的绝对值大于 127,则"溢出"。

计算机中的地址常用无符号整数表示,可以用 8 位、16 位、32 位或 64 位来表示。

(2) 实数的表示

实数一般用浮点数表示,因为它的小数点位置不固定,所以称为浮点数。它是既有整数又有小数的数,纯小数可以看作实数的特例。例如,76.625,-2 184.045,0.003 45 都是实数,又可以表示为:

$$76.625 = 10^2 \times (0.766\ 25)$$

$$-2\ 184.045 = 10^4 \times (-0.218\ 404\ 5)$$

$$0.003\ 45 = 10^{-2} \times (0.345)$$

其中,指数部分用来指出实数中小数点的位置,括号内是一个纯小数。

二进制的实数表示也是这样。例如,110.101B 可表示为:

$$110.101B = 2^2 \times 1.10101B$$

在计算机中一个浮点数由指数(阶码)和尾数两部分组成,阶码部分由阶符和阶码组成,尾数部分由数符和尾数组成。其机内表示形式如下:

阶符	阶码	数符	尾数

阶码用来指示尾数中的小数点应当向左或向右移动的位数;尾数表示数值的有效数字,其小数点约定在数符和尾数之间,在浮点数中数符和阶符各占一位,阶码的值随浮点数数值的大小而定,尾数的位数则依浮点数数值的精度要求而定。

(3) 原码、反码和补码表示法

为运算方便,机器数有 3 种表示法,即原码、反码和补码。

① 原码。数 X 的原码的符号位用 0 表示正数,用 1 表示负数,数值部分就是 X 的绝对值。用 $[X]_{原}$ 表示 X 的原码。设 X = +1101,Y = -1101,用 8 位二进制数表示(16 位、32 位、64 位的原理一样),那么它们的原码可表示如下:

因为 +1101 可写成 +0001101,-1101 可写成 -0001101,所以 $[X]_{原} = 00001101$,$[Y]_{原} = 10001101$。

显然,$[+127]_{原} = 01111111$,$[-127]_{原} = 11111111$,由此可知,8 位原码所表示的数的范围是 -127 ~ +127。原码虽然简单也容易实现,但有两个缺陷:

- 在原码中"0"有两种表示形式，$[+0]_原 = 00000000$，$[-0]_原 = 10000000$，这样给机器的判定带来麻烦。
- 符号要单独处理，不便于计算机实现运算。

② 反码。正数 X 的反码与原码相同，负数的符号用 1 表示，数值部分就是 X 的绝对值取反。用$[X]_反$表示 X 的反码。设 $X = +1101$，$Y = -1101$，则$[X]_反 = 00001101$，$[Y]_反 = 11110010$。反码与原码一样，也存在上述两个缺陷，其数的表示范围也一样。

③ 补码。正数 X 的补码与原码相同，而负数的补码，其符号用 1 表示，数值部分就是 X 的绝对值取反加 1。用$[X]_补$表示 X 的补码。设 $X = +1101$，$Y = -1101$，则$[X]_补 = 00001101$，$[Y]_补 = 11110011$。

显然，$[+127]_补 = 01111111$，$[-128]_补 = 10000001$，8 位补码所能表示的数的范围是 $-128 \sim +127$。

数据采用补码的编码形式，主要有两个好处：
- 符号位连同数字位一起进行运算，只要不超过机器所能表示的范围，其运算结果就是正确的。
- 可以将减法运算转换为加法运算。

5. BCD 码（二一十进制编码）

BCD（Binary Code Decimal）码是用若干个二进制数表示一个十进制数的编码，这种编码的特点是保留了十进制的权，而数字则用 0 和 1 的组合来表示。BCD 码是用 4 位二进制数表示 1 位十进制数。BCD 码有多种编码方法，常用的有 8421 码。8421 码是将十进制数码 0~9 中的每个数分别用 4 位二进制编码表示，从左至右每一位对应的数是 8，4，2，1。

这种编码方法比较直观、简要，对于多位数，只需将它的每一位数字用 8421 码直接列出即可。例如，将十进制数 1 209.56 转换成 BCD 码的方法如下：

$$(1\ 209.56)_{10} = (0001001000001001.01010110)_{BCD}$$

8421 码与二进制之间的转换不是直接的，要先将 8421 码表示的数转换成十进制数，再将十进制数转换成二进制数。例如：

$$(100100100011.0101)_{BCD} = (923.5)_{10} = (1110011011.1)_2$$

6. 非数值型数据的表示

（1）西文字符的二进制编码

目前使用最广泛的西文字符编码是 ASCII 码（表 1-4）。ASCII（American Standard Code for Information Interchange）即美国信息交换标准代码，主要用于显示现代英语和其他西欧语言。它是最通用的信息交换标准，标准 ASCII 码也叫基础 ASCII 码，使用 7 位二进制数来表示 128 种可能的字符。

ASCII 码表中 32~126（共 95 个）是字符（空格的码值是 32），其中 48~57 为 0~9 十个阿拉伯数字，65~90 为 26 个大写英文字母（A 的码值是 65），97~122 为 26 个小写英文字母（a 的码值是 97），其余为一些标点符号、运算符号等。

表 1-4　ASCII 码表

L	H							
	000	001	010	011	100	101	110	111
0000	NUL	DLE	SP	0	@	P	`	p
0001	SOH	DC1	!	1	A	Q	a	q
0010	STX	DC2	"	2	B	R	b	r
0011	ETX	DC3	#	3	C	S	c	s
0100	EOT	DC4	$	4	D	T	d	t
0101	ENQ	NAK	%	5	E	U	e	u
0110	ACK	SYN	&	6	F	V	f	v
0111	BEL	ETB	`	7	G	W	g	w
1000	BS	CAN	(	8	H	X	h	x
1001	HT	EM	)	9	I	Y	i	y
1010	LF	SUB	*	:	J	Z	j	z
1011	VT	ESC	+	;	K	[	k	{
1100	FF	FS	,	<	L	\	l		
1101	CR	GS	-	=	M	]	m	}
1110	SO	RS	.	>	N	^	n	~
1111	SI	US	/	?	O	_	o	DEL

（2）汉字的二进制编码

① 输入码：国标码与区位码。

区位码：把汉字编排在 94 个区（区号为 01~94），每个区 94 个位置（位号为 01~94），一个位置是一个汉字。将区号用高 8 位二进制表示，位号用低 8 位二进制表示，这种用 16 位二进制表示汉字的编码就是区位码。

$$国标码 = 区位码（十六进制表示） + 2020H$$

② 存储码：机内码。

$$机内码 = 国标码（十六进制表示） + 8080H$$

③ 输出码：字模码。

用点阵字形表示汉字，"1"表示对应位置处是黑点，"0"表示对应位置处是空白。比如 16×16 点阵，1 个 16×16 点阵字形的汉字，它的字模码需要 32 B。因此，字模码是最耗存储空间的一种编码。

任务巩固

1. 计算机的硬件系统有哪些组成部分？
2. 计算机的软件系统有哪些组成部分？
3. 计算机的基本工作原理是什么？

4. 计算机中的信息单位有哪些？它们之间如何换算？

任务1.3　计算机网络及病毒防治

- 了解计算机网络的概念。
- 理解计算机网络的分类、功能及系统组成。
- 了解计算机病毒的定义及传播方式。

使用计算机网络是现代人必须掌握的一个基本技能，那么你对它有多少了解呢？如何用好计算机网络，充分发挥它的作用呢？这就需要我们进一步掌握计算机网络的技术。随着网络的迅速发展，它也给网络的安全运行带来了更多的挑战。资源共享和信息安全是一对矛盾体。一般认为，计算机网络系统的安全威胁来自计算机病毒的攻击。因此，研究计算机病毒及其防治就显得很有现实意义。

一、计算机网络

计算机网络是利用通信线路将分布在不同地理位置上的具有独立功能的多台计算机、终端及其附属设备在物理上互联，按照网络协议相互通信，以共享硬件、软件和数据资源为目标的系统。

计算机网络具有以下三大特点：

① 资源共享。计算机网络建设的目的就是实现资源共享。网络用户不仅可以使用本地计算机资源，还可以通过网络访问远端计算机资源。

② 网络中计算机的"独立性"。连接在计算机网络中的每台计算机都可以独立地运行，既可以联网运行，也可以脱网独立运行。

③ 通信规则（协议）。互联的计算机都必须遵循相同的通信规则即协议。

二、计算机网络的发展

计算机网络的发展经历了如图1-13所示的阶段。

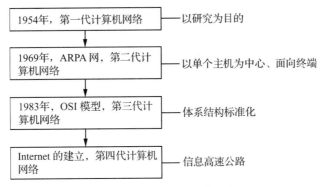

图 1-13　计算机网络的发展

三、计算机网络的分类

1. 按网络传输技术进行分类

（1）广播方式

广播方式是指联网的计算机都可共享一个公共通信信道,当一台计算机利用这个公共信道发送数据分组时,其他的计算机都能"收听"到这个数据分组。

（2）点对点式网络

点对点式网络是指发送数据分组的计算机把数据分组只发送到接收的计算机。若发送方与接收方有物理线路直接相连,则发送方通过物理线路建立数据链路后直接把数据分组发到接收方;若发送方与接收方没有物理线路直接相连,则必须通过网络节点分段建立数据链路,各网络节点经过接收、存储和转发数据分组,直到到达目的接收节点,此过程类似接力棒的传递。

2. 按网络覆盖范围进行分类

（1）局域网（Local Area Network，LAN）

局域网是指一组在限定地理范围（如一间实验室、一栋楼房或校园）内互联的计算机和网络通信设备,如图 1-14 所示。

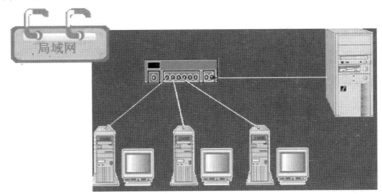

图 1-14　局域网

（2）广域网（Wide Area Network，WAN）

广域网也称远程网络,是指将多个局域网互联在一起,可以分布于整个地区和国家,也可以是全球互联的。

WAN 具有以下特征:地理范围没有限制,长距离的数据传输容易出现错误,可以连接多种类型的 LAN,工程费用昂贵。

(3) 城域网(Metropolitan Area Network,MAN)

城域网作用范围介于局域网和广域网之间,可能覆盖一组邻近的公司和一个城市。城域网是介于局域网与广域网之间的一种高速网络,也可以看成是局域网技术与广域网技术相结合的一种应用。

四、计算机网络的功能

1. 数据通信与传输

数据通信与传输是计算机网络最基本的功能之一。从通信角度看,计算机网络其实是一种计算机通信系统。它能实现如文件传输、电子邮件等通信与传输功能。

2. 资源共享

资源共享包括硬件、软件和数据资源的共享,它是计算机网络最主要的功能。资源共享指的是网上用户能够部分或全部地使用计算机网络资源,使计算机网络中的资源互通有无、分工协作,从而大大提高各种硬件、软件和数据资源的利用率。

3. 使计算机系统的可靠性和可用性得到提高

计算机系统可靠性的提高主要表现在计算机网络中每台计算机都可以依赖计算机网络相互为后备机,一旦某台计算机出现故障,其他的计算机可以马上继续完成原先由该故障机所担负的任务。计算机可用性的提高是指当计算机网络中某一台计算机负载过重时,计算机网络能够智能地判断,并将新的任务转交给计算机网络中较空闲的计算机去完成,这样就能均衡每一台计算机的负载,提高每台计算机的可用性。

4. 进行分布式处理

对于较大型的综合问题,可通过一定的算法将任务分发给不同的计算机,从而达到均衡网络资源、分布处理的目的。

五、计算机病毒的定义

计算机病毒是指编制者在计算机程序中插入的破坏计算机功能或者数据,影响计算机使用并且能够自我复制的一组计算机指令或者程序代码。

六、计算机病毒的分类

1. 按其传播方式来分

(1) 文件型病毒

文件型病毒是一种针对性很强的病毒,一般来讲,它只感染磁盘上的可执行文件(如COM、EXE、SYS 等),它通常依附在这些文件的头部或尾部,一旦这些感染病毒的文件被执行,病毒程序就会被激活,同时感染其他文件。这类病毒数量最大,它们又可细分为外壳型、源码型和嵌入型等。

(2) 混合型病毒

混合型病毒既感染引导区,又感染文件,正是因为这种特性,使它具有了很强的传染性。如果只将病毒从被感染的文件中清除,当系统重新启动时,病毒将从硬盘引导进入内存,这之后文件又会被感染;如果只将隐藏在引导区中的病毒消除掉,当文件运行时,引导区又会被重新感染。

2. 按其破坏程度来分

（1）良性病毒

这类病毒多数是恶作剧的产物，其目的不是破坏系统资源，只是自我表现一下。其一般表现为显示信息、发出声响、自我复制等。

（2）恶性病毒

这类病毒的目的在于破坏计算机中的数据，删除文件，对数据进行删改、加密，甚至对硬盘进行格式化，使计算机无法正常运行甚至瘫痪。

七、计算机病毒的特性

1. 程序性（可执行性）

计算机病毒与其他合法程序一样，是一段可执行程序，但它不是一个完整的程序，而是寄生在其他可执行程序上，因此它享有一切程序所能得到的权力。病毒在运行时，与合法程序争夺系统的控制权。计算机病毒只有当它在计算机内得以运行时，才具有传染性和破坏性。也就是说，计算机 CPU 的控制权是关键问题。

2. 传染性

传染性是病毒的基本特征。计算机病毒是一段人为编制的计算机程序代码，这段程序代码一旦进入计算机并得以执行，它就会搜索其他符合其传染条件的程序或者储存介质，确定目标后再将自身代码插入其中，达到自我"繁殖"的目的。一台计算机感染病毒，如不及时处理，那么病毒会在这台计算机上迅速扩散，其中的大量文件会被感染。而被感染的文件又成了新的传染源，若再与其他机器进行数据交换或通过网络接触，病毒便会继续传染。

3. 潜伏性

潜伏性的第一种表现是指不用专用检测程序，病毒程序是检查不出来的，因此病毒可以潜伏在磁盘或其他存储设备里几天，甚至几年，一旦时机成熟，得到运行机会，就会四处"繁殖"、扩散，继续危害。潜伏性的第二种表现是指计算机病毒的内部往往有一种触发机制，不满足触发条件时，计算机病毒除了传染外没有别的破坏；触发条件一旦得到满足，有的在屏幕上显示信息、图形或特殊标识，有的则破坏系统的操作，如格式化磁盘、删除磁盘文件、对数据文件进行加密、封锁键盘及使系统死锁等。

4. 可触发性

因某个事件或数值的出现，诱使病毒实施感染或进行攻击的特性称为可触发性。为了隐藏自己，病毒必须潜伏，少做动作。如果完全不动，一直潜伏，病毒既不能感染，也不能进行破坏，便失去了杀伤力。病毒既要隐藏，又要维持杀伤力，它必须具有可触发性。

5. 破坏性

所有的计算机病毒都是一种可执行程序，而这一可执行程序又必然要运行，所以对系统来讲，所有的计算机病毒都存在一个共同的危害，即降低计算机系统的工作效率，占用系统资源。同时计算机病毒的破坏性主要取决于计算机病毒设计者的目的，如果病毒设计者的目的在于彻底破坏系统的正常运行，那么这种病毒对于计算机系统进行攻击造成的后果是难以估计的，它可以毁掉系统的部分数据，也可以破坏全部数据，并使之无法恢复。

6. 攻击的主动性

病毒对系统的攻击是主动的,不以人的意志为转移的。也就是说,从一定程度上讲,计算机系统无论采取多少严密的保护措施都不可能彻底地消除病毒对系统的攻击,而保护措施充其量只是一种预防的手段而已。

7. 隐藏性

计算机病毒的隐藏性表现为两个方面:①传染的隐藏性。一般不具有外部表现,不易被人发现。②病毒程序存在的隐藏性。一般的病毒程序都夹在正常程序之中,很难被发现,而一旦病毒发作出来,往往已经给计算机系统造成了不同程度的破坏。

八、计算机病毒的传播路径

1. 通过 U 盘传播病毒

使用带有病毒的 U 盘会使计算机感染病毒,而感染病毒的计算机又会将病毒传染给未感染病毒的 U 盘,大量的 U 盘在不同的计算机上使用,使得计算机与 U 盘交叉感染,成了病毒泛滥、蔓延的一个主要途径。

2. 通过盗版光盘传染病毒

光盘中存储了大量的可执行文件,这就给病毒提供了可能的"藏身之处",而且只读式光盘,只能进行读操作,光盘上的病毒无法清除。一些以牟利为目的的非法盗版软件在制作过程中,没有真正可靠、可行的技术保障避免病毒传染、流行和扩散。显然盗版光盘成了计算机病毒滋生的又一温床。

3. 通过网络传播病毒

随着互联网的发展,病毒的传播也增加了新的途径。它的发展使病毒的传播更迅速,有时会造成灾难性危害,让反病毒的任务更加艰巨。带有计算机病毒的电子邮件或文件(软件)被下载或接收后打开或运行,病毒就会传染到相关的计算机上。服务器是网络的核心部分,一旦其关键文件被感染,再通过服务器扩散,病毒将会对系统造成巨大的破坏。还有来自网络外面的威胁,比如网络黑客。网络使用的简易性和开放性使得这种威胁越来越严重。计算机网络已经成为计算机病毒传播的主要途径。

4. 通过通信系统传播病毒

通过点对点通信系统和无线通信信道也可以传播计算机病毒。目前出现的手机病毒就是利用无线信道传播的。虽然目前这种传播途径还不十分广泛,但以后可能成为仅次于计算机网络的第二大病毒扩散渠道。

九、感染计算机病毒的症状

计算机病毒一旦发作,必然会表现出一些症状,常见的症状主要有:

① 计算机存储器的可用容量异常减少,这可能是由于病毒大量复制引起的。

② 系统出现异常动作,如系统异常重新启动或某个不该访问网络的程序访问了网络。

③ 可执行文件大小改变。这是由于某些寄生在可执行程序中的病毒会增加可执行程序的大小造成的。

④ 磁盘坏轨增加。有的病毒将磁盘区标注为坏轨,而将自己隐藏其中,往往杀毒软件也无法检测出病毒的存在。

⑤ 磁盘被格式化、数据文件被加密、键盘被封锁、系统死机以及网络崩溃等。

十、计算机病毒的防范

1. 养成良好的使用计算机的习惯

① 上网时,不要打开来历不明的电子邮件和不太了解的网站。从互联网下载的文件或软件要经杀毒处理后再打开或安装使用。

② 有许多网络病毒就是通过猜测简单密码的方式攻击系统的,因此,一定要使用强度高的密码。密码长度最好不少于8位字符,而且最好是由字母、数字和特殊字符组合而成的。

③ 尽量做好数据备份,尤其是对关键性数据,其重要性有时比安装防御产品更有效。

2. 做好病毒预防

计算机病毒一旦发作,系统和数据都会受到威胁。因此,病毒预防是防治计算机病毒最经济有效的措施。预防计算机病毒的主要措施有:

① 利用软件功能打全系统补丁。安装正版的杀毒软件和防火墙,并及时将其升级到最新版本。安装网络版杀毒软件的用户,要在安装软件时将其设定为自动升级。

② 关闭不必要的共享或将共享资源设为"只读"状态。使用即时通信工具的时候,不要随意接收好友发来的文件。经常用杀毒软件检查硬盘和每一张外来盘。

③ 应用入侵检测系统,检测超过授权的非法访问和来自网络的攻击。

3. 定期查杀病毒

计算机用户要充分和正确地使用杀毒软件,定期查杀计算机病毒。若发现计算机已经感染病毒,应立即清除病毒。

① 人工清除病毒。若发现磁盘引导区的记录被破坏,就用正确的引导记录覆盖它;若发现某一文件已经染上了病毒,则可以恢复那个文件的正确备份或消除链接在该文件上的病毒,或者干脆清除该文件;如果病毒无法清除,就可以将该病毒提交给杀毒软件公司,杀毒软件公司一般会在短期内给予答复;如果面对的是网络攻击,用户应该立即断开网络连接。

② 利用杀毒软件清理病毒。杀毒软件具有对特定种类的病毒进行检测的功能,有的软件可以查出上百种甚至几千种病毒,并且大部分软件可以同时清除查出来的病毒。利用反病毒软件清除病毒时,一般不会因清除病毒而破坏系统中的正常数据。

1. 什么是计算机网络?
2. 计算机网络的分类有哪些?
3. 什么是计算机病毒?
4. 计算机病毒的特性有哪些?
5. 如何预防计算机病毒?

项目实战

1. 世界上公认的第一台电子计算机名为 _____。
   A. ENIAC　　　　B. EDVAC　　　　C. NAEIC　　　　D. INEAC
2. 目前,一般情况下微机配置的必不可少的输入设备是 _____。
   A. 键盘和显示器　B. 显示器和鼠标　C. 鼠标和键盘　D. 键盘和打印机
3. 在存储容量表示中,1TB 等于 _____。
   A. 1 024 MB　　　B. 1 024 GB　　　C. 1 000 MB　　　D. 1 000 GB
4. 汉字字库的作用是用于 _____。
   A. 汉字的传输　　　　　　　　　　B. 汉字的显示与打印
   C. 汉字的存取　　　　　　　　　　D. 汉字的输入
5. 规定计算机进行基本操作的命令称为 _____。
   A. 程序　　　　　B. 指令　　　　C. 软件　　　　D. 指令系统
6. 微机中的系统总线可分成 _____。
   A. 输入总线和输出总线两种　　　　B. 数据总线和控制总线两种
   C. 控制总线和地址总线两种　　　　D. 数据总线、地址总线和控制总线三种
7. 计算机辅助设计是计算机应用的一个重要方面,它的英文缩写是 _____。
   A. CAM　　　　　B. CAD　　　　C. CAE　　　　D. CAB
8. 在微机中,CPU、存储器、输入设备、输出设备之间的连接是通过 _____ 实现的。
   A. 总线　　　　　B. I/O 接口　　　C. 扩展槽　　　D. 电缆线
9. 发现计算机病毒后,比较彻底的清除方式是 _____。
   A. 用查毒软件处理　B. 删除磁盘文件　C. 用杀毒软件处理　D. 格式化磁盘
10. 全球最大的计算机网络是 _____。
    A. Internet　　　B. VLAN　　　　C. ARPANET　　　D. NSFNET
11. 用高级语言编写的源程序,必须经过 _____ 处理计算机才能执行。
    A. 汇编　　　　　B. 编码　　　　C. 解码　　　　D. 编译或解释
12. 软件生命周期包括 _____、总体设计、详细设计、编码、测试和维护等几个阶段。
    A. 需求分析　　　B. 确定目标　　　C. 孕育　　　　D. 诞生
13. 二进制数(11111110)$_2$ 转换为十进制数是 _____。
    A. 253　　　　　B. 254　　　　　C. 255　　　　　D. 256
14. 将十进制数 118 转化为二进制数是 _____。
    A. 1110110　　　B. 1111011　　　C. 1110101　　　D. 1101010
15. 下列用不同数制表示的数中数值最大的数是 _____。
    A. 二进制数 101111　B. 八进制数 57　C. 十进制数 54　D. 十六进制数 3F
16. 常用的算法描述方式有流程图、_____、高级语言。
    A. 汇编语言　　　B. 伪代码　　　C. 宏指令　　　D. 关系模型

17. 现在我们在网上购买火车票,这属于计算机在 _____ 领域的应用。
    A. 数值计算　　　　B. 人工智能　　　　C. 自动控制　　　　D. 信息管理
18. 完整地说,计算机软件是指 _____。
    A. 程序　　　　　　　　　　　　　　　B. 程序和数据
    C. 操作系统和应用软件　　　　　　　　D. 程序、数据及其有关文档资料
19. 1 KB 的存储容量最多可以存储 _____ 个汉字。
    A. 500　　　　　　B. 512　　　　　　C. 1 000　　　　　D. 1 024
20. 目前计算机有很多高级语言,如 _____。
    A. Java、Visual BASIC、Access　　　　B. Java、Excel、Visual C++
    C. Visual BASIC、Oracle、C++　　　　D. C、C++、Java
21. 下列说法不正确的是_____。
    A. 使用打印机要安装打印驱动程序
    B. 打印机种类很多,有激光打印机、喷墨打印机、针式打印机等
    C. 目前针式打印机已经全部被淘汰
    D. 打印机的性能指标之一是打印速度
22. 建立计算机网络的主要目标是 _____。
    A. 数据通信和资源共享　　　　　　　　B. 提供 E-mail 服务
    C. 增强计算机的处理能力　　　　　　　D. 提高计算机的运算速度
23. 国家标准信息交换用汉字编码基本字符集(GB2312—1980)中给出的二维代码表共有 _____。
    A. 94 行 ×94 列　　　　　　　　　　　B. 49 行 ×49 列
    C. 49 行 ×94 列　　　　　　　　　　　D. 94 行 ×49 列
24. 下列设备中,_____ 都是输入设备。
    A. 键盘、触摸屏、绘图仪　　　　　　　B. 扫描仪、触摸屏、光笔
    C. 投影仪、数码相机、触摸屏　　　　　D. 绘图仪、打印机、数码相机
25. 下列邮件地址中,_____ 是不正确的。
    A. wang@ nanjing. com. cn　　　　　　B. wang@ 163. com
    C. 123456@ nanjing. com　　　　　　　D. nanjing. com@ wang
26. 计算机宏病毒的特点是_____。
    A. 改写系统 BIOS　　　　　　　　　　B. 破坏计算机的硬盘
    C. 以邮件形式发送　　　　　　　　　　D. 寄生在文档或模板宏中
27. 下列编码中,_____ 用于汉字的存取、处理和传输。
    A. 国标码　　　　　B. 机内码　　　　　C. 区位码　　　　　D. 字形码
28. 术语"DBMS"指的是 _____。
    A. 数据库　　　　　B. 数据库系统　　　C. 数据库管理系统　D. 操作系统
29. 计算机病毒对计算机造成的危害主要是通过 _____ 造成的。
    A. 破坏计算机的总线　　　　　　　　　B. 破坏计算机软件或硬件
    C. 破坏计算机的 CPU　　　　　　　　　D. 破坏计算机的存储器

30. JPEG 标准是指 _____。
   A. 静止图像压缩编码标准　　　　B. 活动图像压缩编码标准
   C. 动画制作标准　　　　　　　　D. 声音文件格式标准
31. 高级语言的程序控制结构包括 _____。
   A. 顺序结构、分支结构和循环结构　B. 数据输入、数据处理和数据输出
   C. 输入结构、输出结构　　　　　D. 数据类型、表达式、语句
32. 银行打印存折和票据，一般应选择 _____。
   A. 针式打印机　B. 激光打印机　C. 喷墨打印机　D. 绘图仪
33. 声音信号数字化的过程可分为 _____。
   A. A/D 转换、编码和播放　　　　B. 采样、编码和播放
   C. D/A 转换、量化和编码　　　　D. 采样、量化和编码
34. 术语 HTML 的含义是 _____。
   A. 超文本标记语言　　　　　　　B. WWW 编程语言
   C. 网页制作语言　　　　　　　　D. 通信协议
35. 下列格式文件中，_____ 是视频文件。
   A. GIF 格式文件　　　　　　　　B. AVI 格式文件
   C. SWF 格式文件　　　　　　　　D. MID 格式文件
36. 将计算机用于自然语言理解、知识发现，这属于计算机在 _____ 方面的应用。
   A. 数值计算　　　　　　　　　　B. 自动控制
   C. 管理和决策　　　　　　　　　D. 人工智能
37. 算法的评价指标不包括 _____。
   A. 健壮性　　B. 可读性　　C. 容错性　　D. 时间复杂性
38. 术语"MIS"指的是 _____。
   A. 计算机辅助制造系统　　　　　B. 计算机集成系统
   C. 管理信息系统　　　　　　　　D. 决策支持系统
39. 计算机信息安全是指 _____。
   A. 计算机中存储的信息正确　　　B. 计算机中的信息不被泄露、篡改和破坏
   C. 计算机中的信息需经过加密处理　D. 计算机中的信息没有病毒
40. 目前使用的微机是基于 _____ 原理进行工作的。
   A. 存储程序和程序控制　　　　　B. 人工智能
   C. 数字控制　　　　　　　　　　D. 集成电路
41. 软件生命周期包括需求分析、总体设计、详细设计、编码、测试和 _____ 等几个阶段。
   A. 维护　　B. 成长　　C. 成熟　　D. 衰亡
42. 安装防火墙的主要目的是 _____。
   A. 提高网络的运行效率　　　　　B. 防止计算机数据丢失
   C. 对网络信息进行加密　　　　　D. 保护内网不被非法入侵
43. 多媒体技术的主要特征是信息载体的 _____。

A. 多样性、集成性和并发性 B. 多样性、集成性和交互性
C. 多样性、交互性和并发性 D. 交互性、趣味性和并发性

44. 扫描仪的主要技术指标有 _____、分辨率和色彩深度。

A. 幅面大小   B. 体积   C. 重量   D. 处理速度

45. 下列情况中，_____ 一定不是因病毒感染所致。

A. 显示器不亮   B. 计算机提示内存不够
C. 以.exe 为扩展名的文件变大   D. 机器运行速度变慢

46. 内存中的每一个基本单元都被赋予唯一的序号，称为 _____。

A. 编码   B. 地址   C. 容量   D. 字节

47. 若"a"的 ASCII 码为 97，则"d"的 ASCII 码为 _____。

A. 98   B. 79   C. 99   D. 100

48. 当今世界上规模最大的计算机网络是 _____。

A. CERNET 网   B. Internet 网
C. ARPANET 网   D. Intranet 网

49. 我国政府提出的"互联网+"，指的是 _____。

A. 互联网+电子商务   B. 互联网+教育
C. 互联网+金融   D. 互联网+各个传统行业

50. 下列选项中，_____ 都属于即时通信模式。

A. QQ、短信、E-mail   B. 微信、微博、短信
C. QQ、微信   D. QQ、微信、微博

项目 2
Windows 10 操作系统

操作系统是一种十分重要且最基本的系统软件,它控制所有计算机上运行的程序并管理整个计算机的软硬件资源,是用户和计算机硬件之间的接口,用户必须通过操作系统才能使用和操作计算机。常用的操作系统有 Windows、Linux、DOS、UNIX、MacOS 等。

Microsoft Windows 操作系统是美国微软公司研发的一套操作系统,它问世于 1985 年,起初仅仅是 Microsoft DOS 模拟环境,后续的系统版本由于微软不断地更新升级,简单易用,成了当前应用最广泛的操作系统。

Windows 采用了图形化模式 GUI,比起从前的 DOS 需要输入指令使用的方式更为人性化。随着计算机硬件和软件的不断升级,微软的 Windows 也在不断升级,从架构的 16 位、32 位再到 64 位,系统版本从最初的 Windows 1.0 到大家熟知的 Windows 95、Windows 98、Windows 2000、Windows XP、Windows Vista、Windows 7、Windows 8、Windows 8.1、Windows 10 等,微软一直致力于 Windows 操作系统的开发和完善。本项目将以 Windows 10 为例介绍操作系统的使用方法。

任务 2.1　Windows 10 的基本操作

- 掌握 Windows 10 系统的启动和退出方法。
- 掌握 Windows 10 的基本操作及桌面的基本操作技术。
- 掌握任务栏的基本操作及属性设置的方法。
- 掌握"开始"菜单的设置方法。

① Windows 10 系统的启动与退出。
② 认识 Windows 10 的桌面组成,向桌面添加快捷方式,改变桌面背景,添加或删除常用的桌面图标和调整桌面图标的大小。
③ 认识任务栏的组成,设置任务栏属性。
④ 掌握"开始"菜单的设置,将应用固定到"开始"菜单和任务栏,调整动态磁贴大小,在

"开始"菜单中显示更多内容。

微机上的操作系统历经了从字符界面的 DOS 操作系统到图形界面的 Windows 操作系统的发展历程。Windows 操作系统除了提供对微机资源更强大的管理功能外,还向用户提供了一个图形方式的人机界面。在 Windows 操作系统中,用户通过图形化的命令操作计算机,无须记忆大量的命令格式和从键盘上逐个输入命令行的各个字符,机器对操作系统命令执行的结果也以直观形象的图文结合的方式显示给用户,使微机的操作变得非常方便。

一、Windows 10 系统的启动和退出

1. Windows 10 系统的启动

打开电源,计算机进行自检并进入 Windows 10 系统。

2. Windows 10 系统的退出

单击左下角的"开始"菜单图标,选择"电源"中的"关机"命令,如图 2-1 所示。

二、认识 Windows 10 桌面的组成

启动 Windows 10 后首先看到的是桌面。Windows 10 的桌面由屏幕背景、图标、"开始"菜单和任务栏等组成,Windows 10 的所有操作都可以从桌面开始。桌面就像办公桌一样非常直观,是运行各类应用程序、对系统进行各种管理的屏幕区域,如图 2-2 所示。

图 2-1 "关机"命令

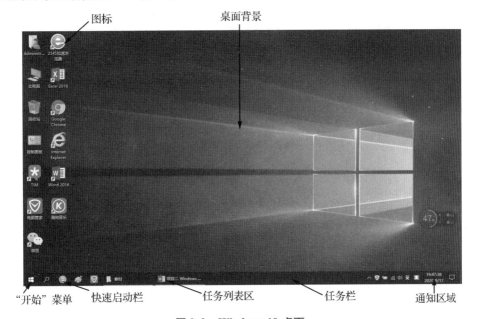

图 2-2 Windows 10 桌面

可以根据自己的喜好更改 Windows 10 桌面,也可以根据需要添加或删除桌面图标。

三、桌面的基本操作

图标是代表文件、文件夹、程序和其他项目的小图片。

1. 向桌面上添加快捷方式

操作步骤如下：

第一步：找到要为其创建快捷方式的项目并右击，执行"发送到"命令。

第二步：选择"桌面快捷方式"选项，在桌面上便添加了该项目的快捷方式，如图2-3和图2-4所示。

图2-3　生成桌面快捷方式

图2-4　桌面上的快捷方式图标

2. 改变桌面背景

操作步骤如下：

第一步：右击桌面上的空白区域，执行"个性化"命令，打开"个性化"窗口。

第二步：在左侧窗格中选择"背景"选项。

第三步：在右侧窗格中选择图片，如图2-5所示。

图2-5　改变桌面背景

3. 添加或删除常用的桌面图标

常用的桌面图标包括"计算机""回收站""控制面板""网络"等。添加或删除常用的桌面图标的操作步骤如下：

第一步：右击桌面上的空白区域，执行"个性化"命令，打开"个性化"窗口。

第二步：在左侧窗格中选择"主题"选项。

第三步:在右侧单击"桌面图标设置",如图2-6(a)所示。

第四步:勾选需要的桌面图标后,单击"确定"按钮,如图2-6(b)所示。

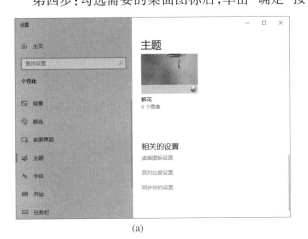 

图2-6　更改桌面图标

4. 调整桌面图标大小

桌面图标的大小可以通过使用不同的视图进行调整,操作步骤如下:

第一步:右击桌面空白区域,将鼠标指向"查看"选项。

第二步:执行"大图标""中等图标""小图标"命令来调整不同的视图,如图2-7所示。

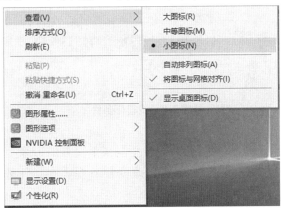

图2-7　调整桌面图标大小

四、任务栏的基本操作及属性设置

1. 任务栏的组成

任务栏包含"开始"菜单按钮、搜索框、快速启动图标、应用程序按钮和通知区域,默认情况下以条形栏形式出现在桌面底部,如图2-8所示,可通过单击任务栏的按钮在运行的程序间切换,也可以隐藏任务栏,将其移至桌面的两侧或顶端。

图2-8　任务栏

任务栏的各组成部分如下:

- 搜索框:单击该框后,输入搜索内容,可快速查找。

- 快速启动栏:单击该工具栏中的图标,均可以快速启动相应的应用程序。
- 应用程序栏:该栏中存放了当前所有打开的窗口的最小化图标,正在被操作的窗口的图标呈凹下状态。可以通过单击各图标,实现各窗口的切换。
- 通知区域:显示了一些应用程序的状态,如本地连接、QQ等一些软件启动后,即可把程序图标放入通知区域。

2. 设置任务栏

右击任务栏空白区域,选择快捷菜单中的"任务栏设置"命令,打开如图2-9所示的窗口。

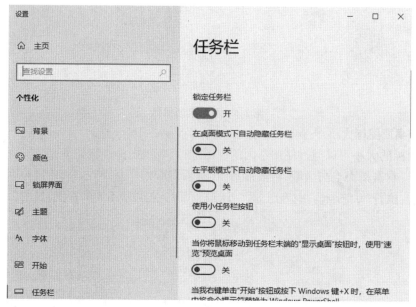

图2-9 设置任务栏

（1）锁定任务栏

关闭"锁定任务栏"开关,将鼠标移到任务栏与桌面交界的边缘上,此时鼠标指针变成垂直双向箭头形状,按住鼠标左键拖动,即可以改变任务栏大小。任务栏最大只能占屏幕的一半。

单击任务栏的空白处并按住鼠标左键不放,然后拖动鼠标,就可以将任务栏拖至"靠左""顶部""靠右""底部"。也可以通过设置"任务栏在屏幕上的位置",实现在桌面上的四边放置任务栏。

（2）在桌面模式下自动隐藏任务栏

打开或关闭此开关,可隐藏或取消隐藏任务栏。

（3）当你将鼠标移动到任务栏末端的"显示桌面"按钮时,使用"速览"预览桌面

打开此开关,将鼠标移至任务栏末端,可以快速预览桌面。

五、"开始"菜单的设置

1. 将应用固定到"开始"菜单或"开始"屏幕

操作步骤如下:

第一步:单击"开始"菜单。

第二步：在左侧右击应用项目。

第三步：选择"固定到'开始'屏幕"，应用图标或磁贴就会出现在右侧区域中，如图 2-10 所示。

图 2-10　将应用固定到"开始"菜单

2. 将应用固定到任务栏

操作步骤如下：

第一步：单击"开始"菜单。

第二步：在左侧右击应用项目。

第三步：选择"更多"下的"固定到任务栏"，应用图标或磁贴就会出现在任务栏上，如图 2-11 所示。

图 2-11　将应用固定到任务栏

3. 调整动态磁贴大小

操作步骤如下：

第一步：单击"开始"菜单。

第二步：在右侧右击动态磁贴。

第三步：选择"调整大小"中的"小"或"中"，如图 2-12 所示。

图 2-12　调整动态磁贴大小

4. 在"开始"菜单左下角显示更多内容

在"开始"菜单的左下角可以显示更多文件夹，包括下载、音乐、图片等，这些文件夹在 Windows 10 "开始"菜单中是可以默认显示的，需要在设置中将其打开，如图 2-13 所示。

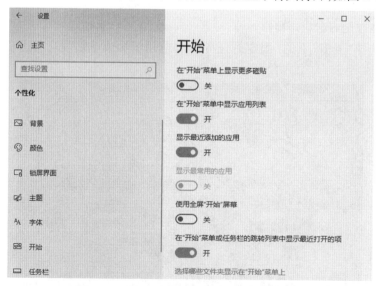

图 2-13　在"开始"菜单左下角显示更多内容

操作步骤如下：

第一步：在桌面空白处右击，选择"个性化"，打开"个性化"设置窗口。

第二步：在左侧选择"开始"，在右侧单击"选择哪些文件夹显示在'开始'菜单上"，即可完成对"开始"菜单的设置。

5. 在所有应用列表中快速查找应用

Windows 10 的所有应用列表提供了首字母索引功能,以方便快速查找应用,当然,这需要事先对应用的名称和所属文件夹有所了解。比如,在 Windows 10 中 IE 浏览器位于 Windows 附件之下,可以通过单击"开始"菜单中的"#"[图 2-14(a)],再单击首字母"W"[图 2-14(b)],即可找到 Windows 附件,从而找到 IE 浏览器。除此之外,你还可以通过左下角的搜索框来快速查找应用。

(a)　　　　　　　　　　　　　　(b)

图 2-14　快速查找应用

任务巩固

1. 启动 Windows 10,打开"此电脑"窗口,并最大化、最小化窗口。
2. 将"画图"程序固定到"开始"屏幕和任务栏。
3. 向桌面上添加"画图"程序的快捷方式。
4. 设置任务栏按钮"任务栏已满时合并",并自动隐藏任务栏。

任务 2.2　文件和文件夹的操作

学习目标

- 掌握 Windows 10 的窗口组成及基本操作。
- 掌握文件或文件夹的创建、重命名和删除的方法。
- 掌握文件或文件夹的浏览、选取、复制和移动的方法。
- 掌握文件或文件夹的属性及文件夹选项的设置方法。
- 掌握共享文件夹的方法。
- 熟悉磁盘清理与碎片整理的方法。

任务要求

① 认识 Windows 10 的窗口组成,进行窗口的最大化、最小化、还原及关闭操作。
② 创建新文件夹,对创建好的文件夹进行重命名,删除文件夹。
③ 使用"详细信息"方式显示对象并使用"类型"方式排列对象图标,复制和移动对象。
④ 查看文件或文件夹的属性,对文件夹选项进行设置。
⑤ 设置共享名称,对共享文件夹进行权限设置。
⑥ 查看本地磁盘属性,进行磁盘碎片整理、磁盘清理及优化操作。

任务实施

一、Windows 10 窗口的认识与基本操作

在 Windows 10 中,每一个程序只占据屏幕上的一个窗口,而每个窗口都有它自己特定的内容,用于使用和管理相应的内容。当一个应用程序窗口被关闭时,也就终止了该应用程序的运行。

注意: 当一个应用程序的窗口被最小化时,它仍然在后台工作。

1. 窗口的组成

Windows 10 每启动一个程序都会生成一个程序窗口,同时在任务栏上产生一个按钮,程序、窗口、任务栏按钮基本上是一一对应的。Windows 10 启动几个程序,桌面上就产生几个窗口,任务栏上也就增加几个按钮。如图 2-15 所示就是一个窗口,其中包括标题栏、菜单栏、命令按钮、工作区、滚动条、状态栏、边框和角等。

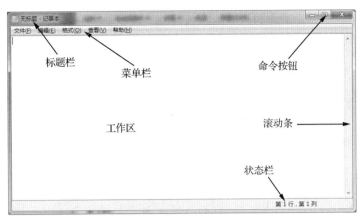

图 2-15　窗口的组成

- 标题栏：顶边下面紧挨着的就是标题栏。标题栏的最左边是控制菜单图标,最右边是窗口控制按钮。
- 菜单栏：标题栏下面是菜单栏。菜单栏中有多个菜单,用于对窗口进行各种操作。
- 工作区：窗口的内部区域,显示了当前窗口的内容。
- 状态栏：位于窗口的底部,用来显示该窗口的状态。
- 滚动条：当工作区中的内容不能在窗口中全部显示时,工作区会出现水平或垂直的滚动条或者二者皆有。可以拖动滚动条或者单击滚动条两端的滚动箭头,也可以使用鼠标上的滚轮显示所有内容。
- 边框和角：决定窗口大小的四条边。可以用鼠标指针拖动这些边框和角以更改窗口的大小。

2. 窗口的基本操作

用户在浏览窗口时,可根据需要执行对窗口的基本操作,如调整窗口大小、最大化或最小化窗口、关闭窗口以及切换窗口。

（1）最大化、最小化、还原、关闭窗口

"最小化"是将窗口缩小为带有名称的图标,显示在任务栏中,程序继续运行;"还原"是将窗口从"最大化"转换为原来的大小;"最大化"是将窗口显示设为最大,即占满整个屏幕;"关闭"是结束窗口的操作,退出编辑。如图 2-16 所示,从左向右依次为"最小化""最大化""关闭"按钮（当窗口最大化后,"最大化"按钮变成"还原"按钮）,它们位于标题栏的最右边,单击按钮,即可执行相应的操作。也可以利用组合键【Alt】+【空格键】,打开控制菜单,如图 2-17 所示,同样可以完成以上的操作。

图 2-16　"最小化""最大化""关闭"按钮

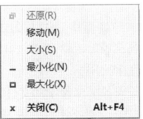

图 2-17　控制菜单

双击标题栏区域,可以实现窗口的最大化和还原的切换。

要关闭某个窗口,则可以通过双击窗口左上角的控制菜单图标或按【Alt】+【F4】组合键来实现。

(2) 移动窗口和改变窗口大小

当窗口的大小没有被设为最大化或最小化时,可以将鼠标放在标题栏处,然后单击鼠标左键并按住不放,拖动鼠标,即可在桌面上移动窗口。

要改变窗口的尺寸,则需要将鼠标指针移到窗口的边框或角上。当鼠标指针变成双向箭头时按住鼠标左键进行拖曳,窗口大小即被改变。

(3) 切换窗口

当用户打开了多个程序或文档时,桌面会快速布满杂乱的窗口。通常不容易跟踪已打开的那些窗口,因为一些窗口可能部分或完全覆盖了其他窗口。此时,需要用户经常在各窗口之间进行切换。窗口的切换主要有以下三种方式:

① 使用任务栏。

任务栏提供了整理所有窗口的方式。每个窗口都在任务栏上具有相应的按钮。若要切换到其他窗口,只需单击其任务栏按钮,该窗口将出现在所有其他窗口的前面,成为活动窗口(用户当前正在使用的窗口)。

② 使用快捷键。

按住【Alt】键不放,然后按【Tab】键,即可在桌面上弹出一个窗口,该窗口中排列着各窗口的对象图标,每按一次【Tab】键,就可以按顺序选择下一个窗口图标,然后释放【Alt】键即可。

③ 使用 Aero 三维窗口。

使用 Aero 三维窗口切换,可以快速预览所有打开的窗口,无须单击任务栏。

首先按住 键不放,然后按【Tab】键,即可在桌面上弹出一个三维窗口,该窗口中排列着各窗口的三维图,每按一次【Tab】键,就可以按顺序选择下一个窗口,然后释放 键即可。

(4) 导航窗格

使用导航窗格(左窗格),不仅可以查找文件和文件夹,还可以在导航窗格中将项目直接移动或复制到目标位置。

① 显示/隐藏导航窗格。

操作步骤如下:

第一步:双击"此电脑",打开"此电脑"窗口。

第二步:单击"查看"选项卡。

第三步:单击"导航窗格"按钮,勾选或取消勾选"导航窗格",即可显示或隐藏导航窗格,如图 2-18 所示。

② 使用导航窗格创建库。

图 2-18 显示/隐藏导航窗格

使用库可以访问各个位置中的文件夹,这些位置包括计算机或外部硬盘。"库"改变了文件管理方式,从死板的文件夹方式变为灵活方便的库方式。其实,库和文件夹有很多相似之处,如在库中也可以包含各种子库和文件。但库和文件夹有本质区别,在文件夹中保存的文件或子文件夹都存储在该文件夹内,而库中存储的文件来自四面八方。确切地说,库并不是存储文件本身,而仅保存文件快照(类似于快捷方式)。库提供了一种更加快捷的管理方式。例如,如果用户文档主要存放在 E 盘,为了日后工作方便,用户可以将 E 盘中的文件都放置到库中,在需要使用时,只要直接打开库即可,不需要再去定位到 E 盘文件目录下。导航窗格是访问库最容易的地方。

打开"此电脑"窗口后,单击"查看"选项卡中的"选项"按钮,在打开的对话框中选择"查看"选项卡,在"高级设置"中勾选"显示库",单击"确定"按钮,即可在左窗格中显示库。

选择"库"选项并将其打开后,包含在库中的所有文件夹中的内容都显示在文件列表中。

- 新建库。

若要新建库,操作步骤如下:

第一步:打开"此电脑"窗口,右击"库"选项。
第二步:执行"新建"命令。
第三步:在其级联菜单中选择"库"选项,如图 2-19 所示。
第四步:输入新库名。

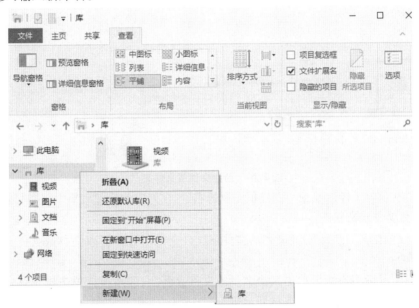

图 2-19 新建库

另外,还可以对库列表中的文件进行设置。例如,将文件从文件列表移动或复制到库的默认保存位置,只需将这些文件拖动到导航窗格的库中即可。

- 重命名库。

若要重命名库,则右击该库,执行"重命名"命令,并输入新名称,然后按【Enter】键即可。

- 删除库中的文件夹。

若要删除库中的文件夹,则右击要删除的文件夹,然后执行"删除"命令,即可将文件夹从库中删除,但不会从该文件夹的原始位置删除该文件夹。

- 隐藏库。

若要隐藏库,则右击该库,然后执行"不在导航窗格中显示"命令。如果导航窗格中的空间已满,但又不希望删除库,则是个很好的解决方案。

- 查看库中的文件。

若要查看已包含在库中的文件夹,则双击库名称将其展开,此时将在库下列出其中的文件夹。

二、文件或文件夹的创建、重命名和删除

Windows 10 操作系统对要处理的数据和信息是通过文件系统来进行管理的。文件系统是 Windows 10 操作系统极其重要的组成部分,因而掌握 Windows 10 操作系统所提供的一整套文件和文件夹的管理方式,是用户掌握 Windows 10 操作系统使用方法的重要一环。

1. 创建新文件或文件夹

创建新文件或文件夹有以下两种方法:

方法一:双击"此电脑"图标,打开"此电脑"窗口,选择文件或文件夹存放的位置,选择"主页"选项卡的"新建项目"组中的相应选项,输入文件名或文件夹名,如图 2-20 所示。

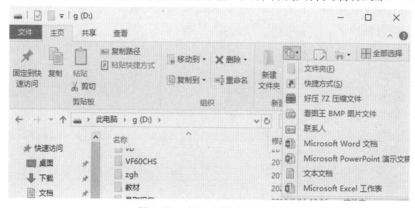

图 2-20　新建文件或文件夹

方法二:在窗口工作区域的空白处单击鼠标右键,在弹出的快捷菜单中选择"新建"命令。

2. 重命名文件或文件夹

用户可以根据需要更改已经命名的文件或文件夹的名称。更改文件或文件夹名称的方法有以下四种:

方法一:用鼠标不连续地单击某个文件或文件夹两次,即用鼠标单击选定该文件或文件夹后,再单击该文件或文件夹的名称即可进行更改。

方法二:单击"主页"选项卡的"组织"组中的"重命名"按钮。

方法三:选中文件或文件夹,单击鼠标右键,在弹出的快捷菜单中选择"重命名"命令。

方法四:选中文件或文件夹,然后按键盘上的快捷键【F2】。

在更改文件或文件夹名称时要注意:

① 在同一文件夹下不能有相同名称的文件或文件夹,因此在更改名称时要注意不能与同文件夹中的文件或文件夹名称相同。

② 文件的名称包含两个部分:一部分是文件的名称,另一部分是文件的扩展名。在更改文件的名称时只能更改文件的名称部分,而不能更改文件的扩展名,否则会导致文件不可用。

3. 删除文件或文件夹

删除文件或文件夹的方法有很多种,首先选定文件或文件夹,再按以下任意一种方法操作:

方法一:按键盘上的【Delete】键。
方法二:单击"主页"选项卡的"组织"组中的"删除"按钮。
方法三:直接把文件或文件夹拖到回收站中。
方法四:右击选定的文件或文件夹,在弹出的快捷菜单中选择"删除"命令。
方法五:按【Shift】+【Delete】组合键。
注意:按【Shift】+【Delete】组合键删除的文件或文件夹不是放到"回收站"中,而是永久被删除。

三、文件或文件夹的浏览、选取、复制和移动

1. 在"此电脑"窗口中浏览文件和文件夹

在桌面上双击"此电脑"图标,打开"此电脑"窗口,在"此电脑"窗口中包含本地磁盘驱动器,任意双击打开一个驱动器,都可以浏览里面所包含的文件和文件夹。

Windows 10 将检索栏集成到了资源管理器的各种视图(窗口右上角)中,如图 2-21 所示,不但方便随时查找文件,而且可以指定文件夹进行搜索。

图 2-21 Windows 检索

用户定位检索范围,直接在检索栏中输入检索关键字即可。检索完成后,系统会以高亮形式显示与检索关键词匹配的记录,让用户更容易锁定所需结果。

用户可以使用通配符("?"或"*")代替一个或多个字符来完成检索操作。其中"*"代表任意数量的任意字符,"?"仅代表某一位置上的一个字母(或数字),如"*.jpg"表示检索当前位置所有类型为 jpg 的文件,"?a*.txt"则可用来查找文件名的第 2 个字符是 a 的文本文件。

2. 以不同的方式查看文件

(1) 文件的显示方式

Windows 10 为用户提供了 8 种显示方式:"超大图标""大图标""中图标""小图标""列表""详细信息""平铺""内容"。打开窗口中的"查看"菜单,便可以看到各种显示方式。用户可以单击工具栏上的按钮,选择一种显示方式。

（2）以不同的方式排列文件

在浏览窗口内容时，用户除了使用不同的显示方式外，还可以使用不同的方式来排列文件。在"查看"菜单的"排序方式"中可以选择不同的方式。

3. 选取文件或文件夹

在对文件或文件夹进行操作之前，首先要选定需进行操作的文件或文件夹。常用的选定操作有：选定单个文件或文件夹、选定多个连续/不连续的文件或文件夹、全部选择、反向选择、全部取消。

- 选定单个文件或文件夹：单击要选定的文件或文件夹图标。
- 选定多个连续的文件或文件夹：先选定一个文件或文件夹后，再按住【Shift】键，然后单击其他要选择的文件和文件夹图标；或按住鼠标左键拖动要选择的文件或文件夹；或先选择不要的文件或文件夹，再在"主页"选项卡的"选择"组中选择"反向选择"命令。
- 选定多个不连续的文件或文件夹：先按住键盘上的【Ctrl】键，再逐个单击想要选择的文件或文件夹图标。
- 选定全部文件或文件夹：选择"主页"选项卡的"全部选择"命令，或按【Ctrl】+【A】组合键，或按住鼠标左键拖动。
- 反向选择：选择"主页"选项卡的"选择"组中的"反向选择"命令，可以反向选择。

4. 复制文件或文件夹

复制文件或文件夹是将一个文件夹下的文件或子文件夹复制一份发送到另一文件夹，同时原文件夹中的文件或子文件夹仍然存在。复制文件和文件夹，常用的方法有以下几种：

方法一：在同一磁盘中复制，选定要复制的文件或文件夹，然后按住【Ctrl】键将其拖动到目标位置；在不同磁盘中复制，选定要复制的文件或文件夹，将其拖动到目标位置即可。

方法二：用鼠标右键拖动文件或文件夹到目标位置，在弹出的快捷菜单中选择"复制到当前位置"命令。

方法三：选择"主页"选项卡的"组织"组中的"复制到"命令，选择位置后单击"复制"按钮，或按【Ctrl】+【C】组合键，然后定位到目标位置，按【Ctrl】+【V】组合键完成复制操作。

5. 移动文件或文件夹

移动文件或文件夹，常用的方法有以下几种：

方法一：在同一磁盘中移动，选定要移动的文件或文件夹，然后按住鼠标左键拖动到目标位置；在不同磁盘中移动，选定要移动的文件或文件夹，然后按住【Shift】键拖动到目标位置即可。

方法二：选中文件或文件夹，选择"主页"选项卡的"组织"组中的"移动到"命令，选择位置后单击"移动"按钮，或按【Ctrl】+【X】组合键，定位到目标位置，按【Ctrl】+【V】组合键，也可以完成移动文件或文件夹的操作。

方法三：用鼠标右键拖动文件或文件夹到目标位置，在弹出的快捷菜单中选择"移动到当前位置"命令。

四、文件或文件夹的属性与文件夹选项的设置

1. 查看和设置文件或文件夹的属性

每一个文件或文件夹都有一定的属性信息，并且对于不同的文件类型，其"属性"对话框

中的信息也各不相同,如文件夹的类型、文件路径、占用的磁盘空间、修改时间和创建时间等。在 Windows 10 中,一般一个文件或文件夹都包含"只读""隐藏"属性,如图 2-22 所示是文件夹的属性对话框。

其中,在"属性"选项区中,选择不同的选项可以更改文件的属性。

① 只读:文件或文件夹只可以打开查看,不可以编辑或删除。

② 隐藏:指定文件或文件夹隐藏或显示。

图 2-22　文件夹的属性对话框

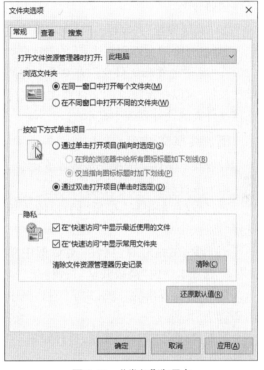

图 2-23　"常规"选项卡

2. 设置文件夹选项

在 Windows 10 中,可以使用多种方式查看窗口中的文件列表。单击"查看"选项卡中的"选项"按钮,打开"文件夹选项"对话框,在其中可设置文件夹选项。在"文件夹选项"对话框中有三个选项卡:"常规""查看""搜索"。下面主要介绍"常规""查看"选项卡。

(1)"常规"选项卡

① "浏览文件夹"选项组:用于指定所打开的每一个文件夹是使用同一窗口还是分别使用不同窗口。

② "按如下方式单击项目"选项组:用于选择以何种方式打开窗口或桌面上的选项,即可以选择是单击打开项目还是双击打开项目。

③ "隐私"选项组:用于在"快速访问"中显示常用文件夹和最近使用的文件。

单击"还原默认值"按钮,便可以使设置返回到系统默认的方式,如图 2-23 所示。

(2)"查看"选项卡

该选项卡控制计算机上所有文件夹窗口中文件或文件夹的显示方式。它主要包含"文件夹视图""高级设置"两部分,如图 2-24 所示。

① "文件夹视图"选项组:此处包含两个按钮,它们分别可以使所有文件夹的外观保持一致。单击"应用到文件夹"按钮,可以使计算机上的所有文件夹与当前文件夹有类似的设置。单击"重置文件夹"按钮,系统将重新设置所有文件夹(除工具栏和 Web 视图外)为默认的视图设置。

② "高级设置"列表框:在该列表框中主要包含"导航窗格""文件和文件夹"的复选框。

在"隐藏文件和文件夹"选项组中有两个单选按钮,可以指定隐藏的文件或文件夹是否在该文件夹的文件列表中显示。

五、共享文件夹

设置共享文件夹的操作步骤如下:

第一步:找到需共享的文件夹。

第二步:右击鼠标,在弹出的快捷菜单中选择"属性"命令。

第三步:在弹出的"属性"对话框中单击"共享"选项卡中的"高级共享"按钮。

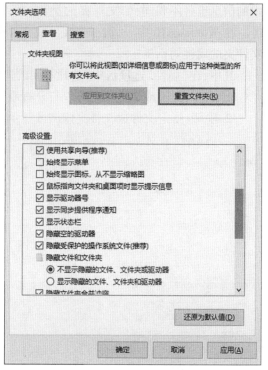

图 2-24 "查看"选项卡

第四步:在弹出的"高级共享"对话框中选中"共享此文件夹"复选框,输入共享名称,如图 2-25 所示。

第五步:单击"权限"按钮,打开如图 2-26 所示的对话框。

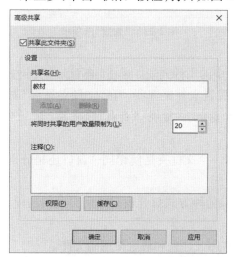

图 2-25 "高级共享"对话框

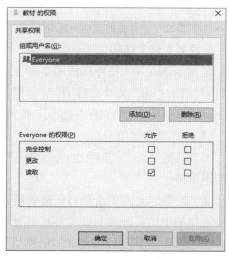

图 2-26 文件夹权限对话框

第六步:在该对话框中单击"添加"按钮,弹出"选择用户或组"对话框,如图 2-27 所示。

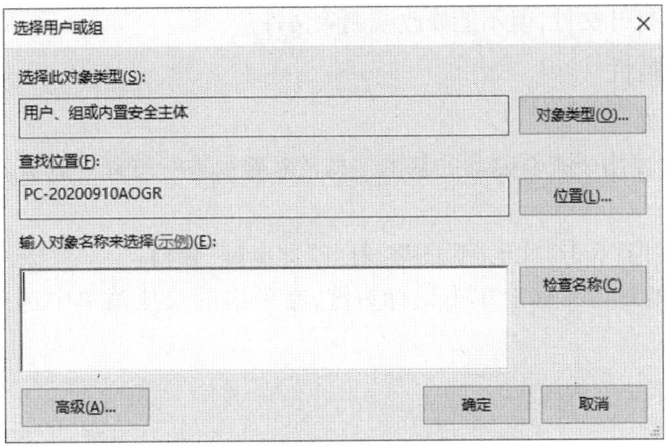

图 2-27 "选择用户或组"对话框

第七步:单击"高级"按钮,打开"选择用户或组"高级选项对话框。

第八步:单击"立即查找"按钮,在搜索结果中选择"Administrator",单击"确定"按钮,如图 2-28 所示。

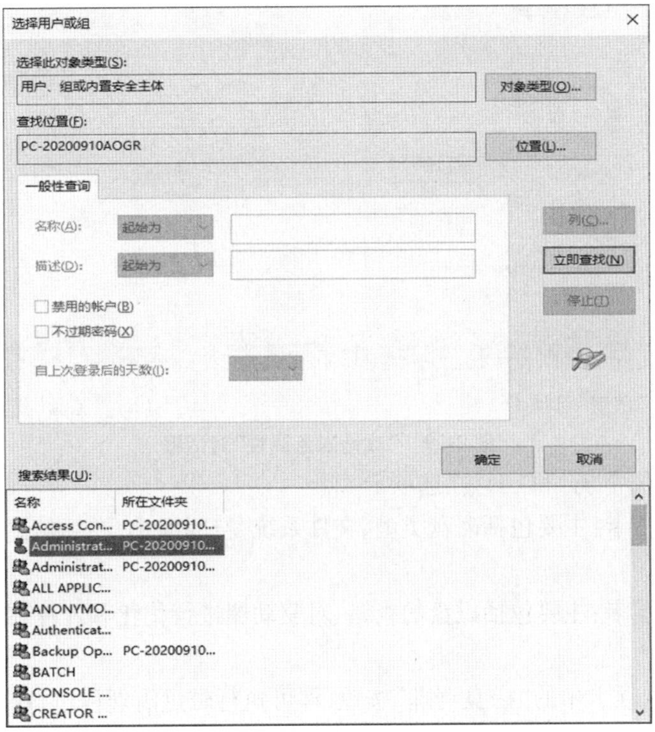

图 2-28 "选择用户或组"高级选项对话框

第九步:返回到"选择用户或组"对话框,单击"确定"按钮,即可在文件夹权限对话框中看到"Administrator"管理用户,设置相关权限后单击"确定"按钮。

在 Windows 10 中不仅可以决定谁可以查看文件,还可决定谁可以对该文件执行何种操作,这些被称为共享权限。有以下选项:

- 完全控制:可以对文件执行任意操作。
- 更改:可以打开、修改或删除文件。

- 读取：可以打开文件，但不能修改或删除文件。

六、磁盘的属性

1. 本地磁盘属性

磁盘的属性主要用于查看磁盘的基本信息及对磁盘进行整理。查看本地磁盘属性的操作步骤如下：

第一步：在桌面上双击"此电脑"图标，打开"此电脑"窗口。

第二步：在本地磁盘图标上单击鼠标右键，在弹出的快捷菜单中选择"属性"命令，如图 2-29 所示。

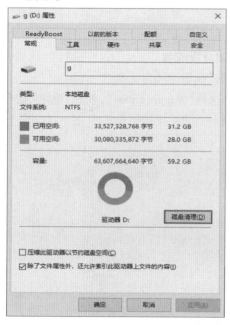 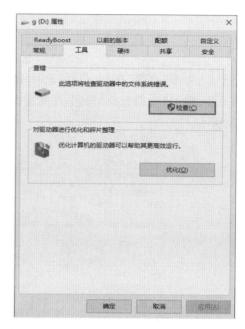

（a）"常规"选项卡　　　　　　　　　　　（b）"工具"选项卡

图 2-29　"本地磁盘属性"对话框

这里主要介绍"常规"和"工具"选项卡。

- "常规"选项卡：主要包括磁盘类型、文件系统、空间大小、卷标信息等常规信息，以及"磁盘清理"按钮。
- "工具"选项卡：主要包括磁盘的查错、对驱动器进行优化和碎片整理。

2. 磁盘清理

单击"常规"选项卡中的"磁盘清理"按钮，即可执行磁盘清理程序，释放磁盘空间。

磁盘清理程序是 Windows 10 系统中的垃圾文件清理工具，该程序可删除临时文件、清空回收站并删除各种系统文件和其他不需要的文件。通过扫描磁盘可以查找出计算机内各种不需要的文件并删除，从而实现释放计算机硬盘空间的目的。

3. 优化驱动器

单击"工具"选项卡中的"优化"按钮，即可执行优化驱动器程序，帮助其更高效运行。

1. 在计算机的 D 盘中,创建名称分别为 FA、FB、FC 的三个文件夹。
2. 在 FA 文件夹中创建一个名为 1.txt 的文本文件,其内容为"测试文本"。
3. 将 FA 文件夹中的 1.txt 复制到 FB 文件夹中,并改名为 2.doc。
4. 将 FA 文件夹中的 1.txt 文件移动到 FC 文件夹中。
5. 删除 FC 文件夹中的文件,并将 FC 文件夹属性设置为"隐藏"。
6. 显示隐藏的文件、文件夹,显示已知文件类型的扩展名。
7. 将 FB 文件夹设为共享,共享名为"share"。

任务 2.3　控制面板中常用属性的设置

- 掌握控制面板的使用方法。
- 掌握用户帐户的设置方法。
- 熟悉 Windows 10 系统的网络配置方法。
- 掌握系统输入法的设置方法。
- 熟悉 Windows 10 系统的任务管理器的使用方法。

① 在桌面上添加"控制面板"图标,打开"用户帐户"窗口,创建一个新帐户,并设置其权限。
② 查看网络信息并设置新连接。
③ 设置系统输入法。
④ 打开并查看任务管理器。

控制面板(Control Panel)是 Windows 图形用户界面的一部分,可通过"开始"菜单访问。它允许用户查看并操作基本的系统设置,比如添加或删除软件,控制用户帐户,更改辅助功能选项,等等。

一、"控制面板"的进入

1. 通过"开始"菜单项进入

操作步骤如下:
第一步:单击左下角的"开始"按钮。

第二步：在弹出的"开始"菜单中找到"Windows 系统"，单击打开下级菜单，如图 2-30 所示。

第三步：单击"控制面板"选项。

图 2-30　"开始"菜单中的"控制面板"

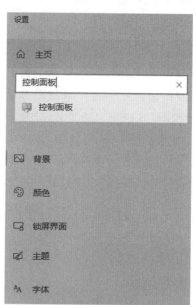

图 2-31　查找"控制面板"

2. 通过查找设置功能进入

操作步骤如下：

第一步：在桌面空白处右击，在弹出的快捷菜单中选择"显示设置"或"个性化"命令。

第二步：在"查找设置"框中输入"控制面板"，如图 2-31 所示。

3. 把控制面板放到桌面上

如果需要经常打开控制面板，可以将它放到桌面上，操作步骤如下：

第一步：在桌面空白处右击，在弹出的快捷菜单中选择"个性化"命令。

第二步：在左侧窗格中选择"主题"，在右侧窗格中找到"桌面图标设置"并单击。

第三步：勾选"控制面板"后，单击"确定"按钮。

二、用户帐户的设置

Windows 10 是一个多用户操作系统，用户帐户的作用是给每一个使用这台计算机的人设置一个满足个性化需求的工作环境，这样多个人使用一台计算机就不会互相干扰，每个人也可以按照自己的需求来设置计算机属性。

1. 创建用户帐户

操作步骤如下：

第一步：打开"控制面板"窗口，单击"用户帐户"→"更改帐户类型"，打开"管理帐户"窗口，如图 2-32 所示。

第二步：单击"在电脑设置中添加新用户"，打开帐户"设置"窗口，如图 2-33 所示。

第三步：单击"将其他人添加到这台电脑"，打开"本地用户和组"窗口，如图 2-34 所示。

第四步：用鼠标右击"用户"，选择"新用户"，打开"新用户"对话框，输入用户名和密码，勾选合适的选项后单击"创建"按钮，如图 2-35 所示。

图 2-32 "管理帐户"窗口

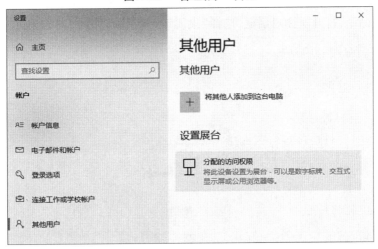

图 2-33 帐户"设置"窗口

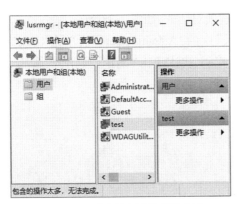

图 2-34 "本地用户和组"窗口

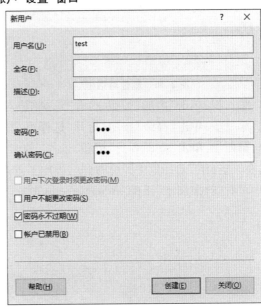

图 2-35 "新用户"对话框

Windows 10 为用户设置了三种不同类型的帐户：管理员帐户、标准帐户和来宾帐户，它们各自的权限不一样。

（1）管理员帐户

可以浏览、更改、删除计算机中的信息、程序，是拥有最高权限的用户。

（2）标准帐户

只能浏览、更改自己的信息、图片，但是在进行一些会影响其他用户或安全的操作时（如添加或删除程序），则需要经过管理员的许可。

（3）来宾帐户

为了那些没有创建用户的人临时使用的。

2. 修改用户权限

操作步骤如下：

第一步：在"本地用户和组"窗口中用鼠标右击需要修改权限的用户，在弹出的快捷菜单中选择"属性"命令，打开属性对话框，选择"隶属于"选项卡，如图2-36所示。

图2-36 属性对话框

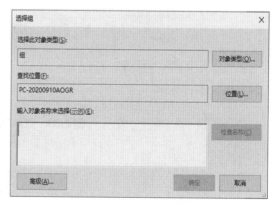

图2-37 "选择组"对话框

第二步：单击"添加"按钮，打开"选择组"对话框，如图2-37所示。

第三步：单击"高级"按钮，打开"选择组"高级选项对话框，如图2-38所示。

第四步：单击"立即查找"按钮，选择"搜索结果"中的"Administrators"后单击"确定"按钮，在"选择组"对话框中即可看到已添加了管理员权限，再次单击"确定"按钮，在属性对话框中可看到"隶属于"下的"Administrators"。

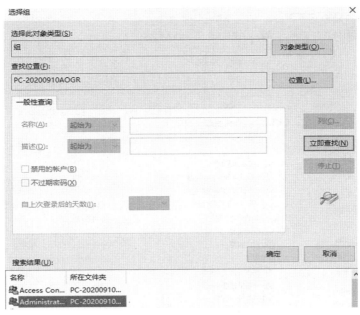

图 2-38 "选择组"高级选项对话框

3. 删除用户帐户

在"本地用户和组"窗口中用鼠标右击需要删除的用户帐户,在弹出的快捷菜单中选择"删除"命令即可。

三、共享文件夹的设置

操作步骤如下:

第一步:打开"控制面板"窗口。

第二步:在打开的"控制面板"窗口中,单击"系统和安全",并选择"管理工具"选项,打开"管理工具"窗口,如图 2-39 所示。

第三步:选择"计算机管理"选项,打开"计算机管理"窗口,如图 2-40 所示。

第四步:点击左侧"共享文件夹",然后右击"共享"选项,执行"新建共享"命令。

第五步:打开"创建共享文件夹向导"对话框,如图 2-41 所示。

第六步:在"创建共享文件夹向导"对话框中单击"下一步"按钮。

第七步:在"文件夹路径"文本框中选择文件夹路径,单击"下一步"按钮,如图 2-42 所示。

第八步:在"共享名"文本框中输入共享名称,如图 2-43 所示,单击"下一步"按钮。

第九步:在"共享文件夹的权限"中选择"管理员有完全访问权限;其他用户有只读权限"单选按钮,单击"完成"按钮,如图 2-44 所示。

图 2-39 "管理工具"窗口

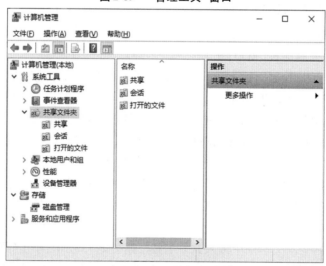

图 2-40 "计算机管理"窗口

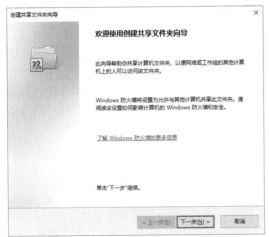

图 2-41 "创建共享文件夹向导"对话框

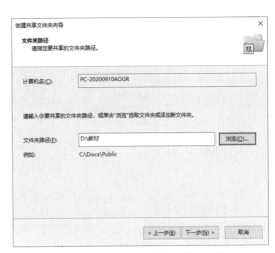

图 2-42 设置共享文件夹路径

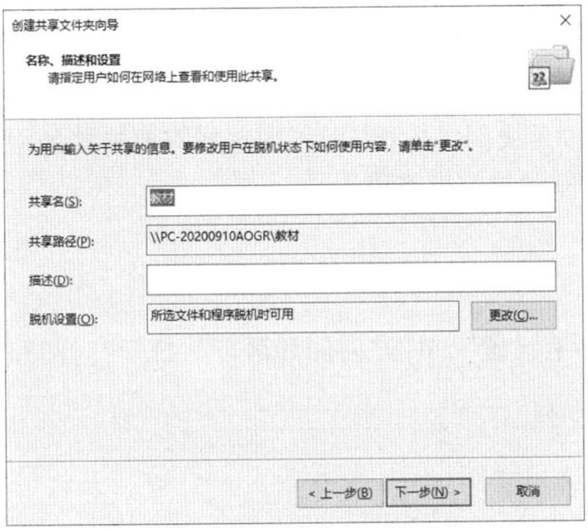

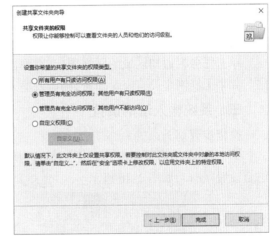

图 2-43 设置共享文件夹的共享名称

图 2-44 设置共享文件夹权限

四、网络的配置

在 Windows 10 中,几乎所有与网络相关的操作和控制程序都在"网络和共享中心"窗口中,通过可视化的界面与命令,用户可以轻松连接到网络。

1. 连接到宽带网络

操作步骤如下:

第一步:单击"控制面板"→"网络和 Internet"→"网络和共享中心",打开"网络和共享中心"窗口,如图 2-45 所示。在"网络和共享中心"窗口中,用户可以通过形象化的网络映射图了解网络状况,并进行各种网络设置。

第二步:在"更改网络设置"下,单击"设置新的连接或网络"命令,在打开的窗口中选择"连接到 Internet"命令。

第三步:在"连接到 Internet"窗口中选择"宽带(PPPoE)(R)"命令,并在随后弹出的对话框中输入 ISP 提供的"用户名""密码"以及自定义的"连接名称"等信息,单击"连接"按钮。

使用时,只需单击任务栏通知区域的网络图标,选择自建的宽带连接即可。

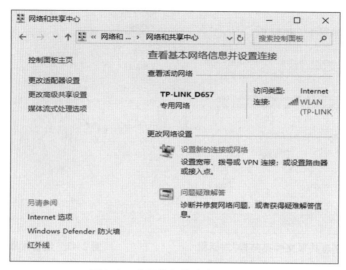

图 2-45 "网络和共享中心"窗口

2. 连接到无线网络

单击任务栏通知区域的网络图标,在弹出的"无线网络连接"面板中选择需要连接的网络。如果无线网络设有安全加密,则需要输入安全关键字即密码。

五、系统输入法的设置

操作步骤如下：

第一步：单击右下角的"通知"图标,选择"所有设置",单击"时间和语言",打开"时间和语言设置"窗口,如图 2-46 所示。

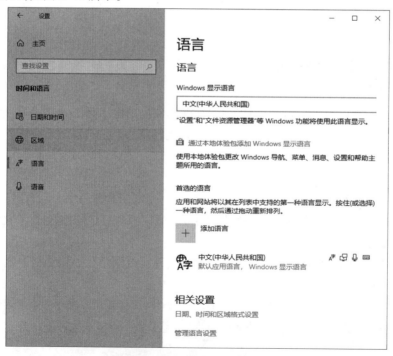

图 2-46 "时间和语言设置"窗口

第二步：在左侧窗格中选择"语言"，在右侧窗格中选择"中文(中华人民共和国)"，单击"选项"按钮，打开"语言选项"窗口，即可根据需要设置输入法，如图 2-47 所示。

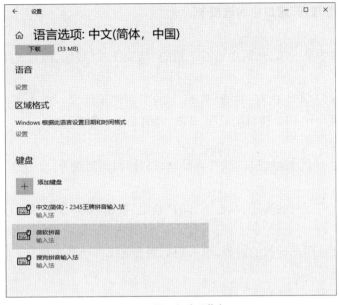

图 2-47 "语言选项"窗口

六、任务管理器的使用

1. 打开"任务管理器"窗口

在"任务栏"任意空白处单击鼠标右键，执行"任务管理器"命令，打开"任务管理器"窗口，如图 2-48 所示。

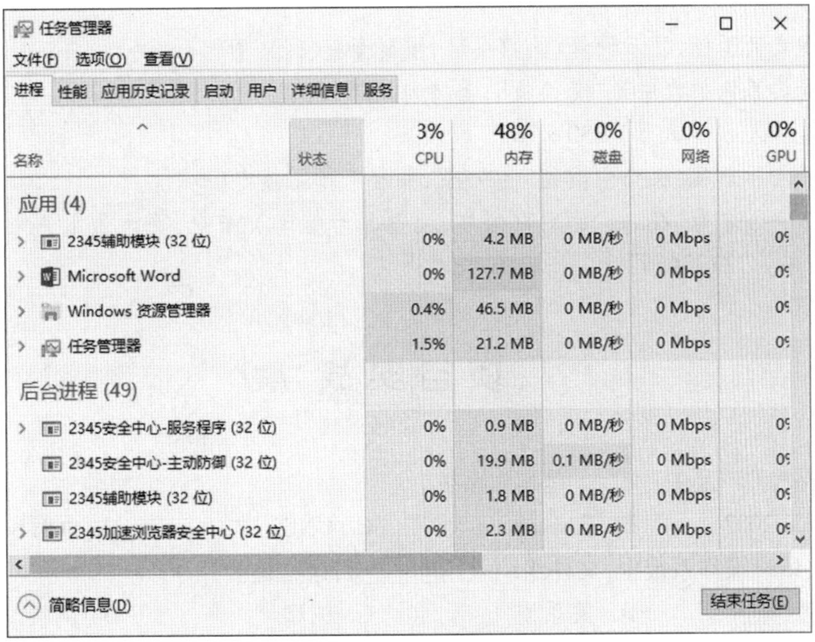

图 2-48 "任务管理器"窗口

任务管理器能够显示操作系统当前正在运行的程序、进程和服务。可以使用任务管理器监视计算机的性能或关闭没有响应的程序。

2. 了解"任务管理器"窗口中的选项卡

（1）进程

选中进程列表中某一项，然后单击右下角的"结束任务"按钮，即可关闭运行中的软件。

（2）性能

该页面可以看到CPU、内存、磁盘、WiFi等的实时使用情况。单击下面的"打开资源监视器"，还可以查看使用CPU、内存、磁盘、WiFi等的具体程序。

（3）应用历史记录

这里显示了近一个月运行过的软件有哪些，以及时长、流量等。

（4）启动

此页面显示开机运行的程序，单击下方的"禁用"按钮，即可禁止该程序在开机时启动。

（5）用户

可显示多个登录用户运行的进程，单击用户列表前面的小箭头可显示。

（6）详细信息

这里显示的进程更加详细。

（7）服务

这里显示的是系统后台进程列表，右击某服务，在弹出的快捷菜单中选择"停止"命令，可以停止该服务，"打开服务"命令则打开控制面板里面的"服务"程序。

任务巩固

1. 更改桌面图标，显示计算机、回收站、控制面板、网络图标。
2. 设置屏幕保护程序为"变换线"，等待时间为"5分钟"。
3. 调整屏幕分辨率为1 280×768。
4. 设置鼠标选项"选择主按钮"为"右"，并启用单击锁定。
5. 创建一个名为"Zhang"的用户帐户，设置其为管理员帐户，更改该用户帐户图片，并设置帐户密码为"Z123456"。

项 目 实 战

1. 下列软件产品中，＿＿＿＿是操作系统。
   A. Office 2007　　　B. Foxmail　　　C. UNIX　　　D. SQL Server
2. Windows操作系统中，文件组织采用＿＿＿＿目录结构。
   A. 分区　　　B. 关系型　　　C. 树型　　　D. 网状
3. 操作系统主要有五种功能：进程管理、存储管理、文件管理、设备管理和＿＿＿＿。
   A. 作业管理　　　B. 数据管理　　　C. 目录管理　　　D. 资源管理

4. 下列软件产品中，_____不是操作系统。
   A. Linux   B. UNIX   C. SQL Server   D. Windows XP
5. 下列软件中，_____不是系统软件。
   A. 操作系统   B. 编译程序   C. 数据库管理系统   D. 图像处理软件
6. 操作系统是一种_____软件。
   A. 操作   B. 应用   C. 编辑   D. 系统
7. 在 Windows 系统中，_____不是文件的属性。
   A. 存档   B. 只读   C. 隐藏   D. 文档
8. 下列四组软件中，_____都是系统软件。
   A. UNIX、Excel 和 Word   B. Windows XP、Excel 和 Word
   C. Linux、UNIX 和 Windows   D. Office 2016、Windows 和 Linux
9. 配置操作系统的主要目的是_____。
   A. 操作简单
   B. 提供操作命令
   C. 保证计算机程序正确执行
   D. 管理系统资源，提高资源利用率，方便用户使用
10. 操作系统中，文件扩展名_____。
    A. 表示文件类型   B. 表示文件的属性
    C. 表示文件的重要性   D. 可以随便命名
11. 操作系统将一部分硬盘空间模拟为内存，为用户提供一个容量比实际内存大得多的内存空间，这种技术称为_____技术。
    A. 扩充内存   B. 虚拟内存   C. 并发控制   D. 存储共享
12. 操作系统以_____为单元对磁盘进行读/写操作。
    A. 磁道   B. 字节   C. 扇区   D. KB
13. 操作系统以_____为单位来管理用户的数据。
    A. 扇区   B. 文件   C. 目录   D. 字节
14. 按操作系统的分类，UNIX 系统属于_____操作系统。
    A. 批处理   B. 实时   C. 分时   D. 单用户
15. _____属于一种系统软件，没有它计算机就无法工作。
    A. 汉字系统   B. 操作系统   C. 编译程序   D. 文字处理系统
16. 操作系统将 CPU 的时间资源划分成极短的时间片，轮流分配给各终端用户，使终端用户单独分享 CPU 的时间片，这种操作系统称为_____。
    A. 实时操作系统   B. 批处理操作系统
    C. 分时操作系统   D. 分布式操作系统
17. 计算机软件分为系统软件和应用软件两大类，系统软件的核心是_____。
    A. 数据库管理系统   B. 操作系统
    C. 程序语言系统   D. 财务管理系统
18. 下列 6 个软件中：①字处理软件、②Linux、③UNIX、④学籍管理系统、⑤Windows

XP、⑥Office 2016,属于系统软件的有_____。
A. ①②③　　　B. ②③⑤　　　C. ①②③⑤　　　D. 全部都不是

19. 当前微机上运行的 Windows 10 属于_____。
A. 批处理操作系统　　　　　　B. 单用户单任务操作系统
C. 单用户多任务操作系统　　　D. 分时操作系统

20. 操作系统是计算机软件系统中_____。
A. 最常用的应用软件　　　　　B. 最核心的系统软件
C. 最通用的专用软件　　　　　D. 最流行的通用软件

21. 操作系统中的文件管理系统为用户提供的功能是_____。
A. 按文件作者存取文件　　　　B. 按文件名管理文件
C. 按文件创建日期存取文件　　D. 按文件大小存取文件

22. 在 Windows 中,要将当前窗口的全部内容拷入剪贴板,应该使用_____组合键。
A. 【Print Screen】　　　　　　B. 【Alt】+【Print Screen】
C. 【Ctrl】+【Print Screen】　　D. 【Ctrl】+【P】

23. 在 Windows 系统中,对话框是一种特殊的窗口,但一般的窗口可以移动和改变大小,而对话框_____。
A. 既不能移动,也不能改变大小　　B. 仅可以移动,不能改变大小
C. 仅可以改变大小,不能移动　　　D. 既能移动,也能改变大小

24. 在 Windows 资源管理器窗口中,选择几个连续的文件的方法可以是:先单击第一个,再按住_____键单击最后一个。
A. 【Ctrl】　　　B. 【Shift】　　　C. 【Alt】　　　D. 【Ctrl】+【Alt】

25. 在 Windows 10 中,设置外观个性化可通过_____来进行。
A. 控制面板　　　B. 附件　　　C. 任务栏　　　D. DOS 命令

26. 在 Windows 的回收站中,可以恢复_____。
A. 从硬盘中被删除的文件或文件夹　　B. 从软盘中被删除的文件或文件夹
C. 被剪切掉的文档　　　　　　　　　D. 从光盘中被删除的文件或文件夹

项目 3
文字处理软件 Word 2016

Word 2016 是 Microsoft Office 2016 办公系列软件之一,是目前办公自动化中较为流行的综合排版文字处理软件。Word 2016 具有处理文字、图形、图片、表格、数学公式、艺术字等多种对象的能力,能生成图文并茂的文档,还提供了模板、邮件合并、宏、域等高级功能。通过本项目的学习,同学们能熟练掌握文档的编辑、排版技能。

任务 3.1 文档的建立

- 了解 Word 2016 的功能,熟悉 Word 2016 的窗口界面。
- 能较熟练地创建 Word 文档,能根据需要为文档合理命名。
- 能根据需求录入文本并合理分段。

新建 Word 文档,输入下框所示文字,以"咏柳"为文件名,保存至个人专用文件夹中,关闭并退出 Word 程序。

> 咏　柳
>
> 贺知章
>
> 碧玉妆成一树高,
> 万条垂下绿丝绦。
> 不知细叶谁裁出,
> 二月春风似剪刀。

一、Word 2016 的启动与退出

1. Word 2016 的启动

启动 Word 2016,新建一个名为"文档 1"的空白文档。

方法一：使用"开始"菜单启动 Word 2016。

从"开始"菜单中找到"Microsoft Word 2016"，在打开的窗口右侧选择"空白文档"，即可创建一个名为"文档1"的空白文档。

方法二：通过桌面快捷方式启动 Word 2016。

双击桌面上 Word 2016 的快捷图标，即可打开应用程序。

2. Word 2016 的退出

方法一：单击 Word 窗口右上角的"关闭"按钮。

方法二：单击"文件"选项卡中的"退出"或"关闭"命令，不同的是，若选择"关闭"命令，只关闭当前打开的文档，而不退出 Word。

方法三：使用组合键【Alt】+【F4】。

二、认识 Word 2016 窗口

Word 2016 窗口如图 3-1 所示。

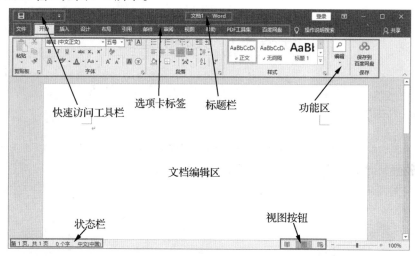

图 3-1　Word 2016 窗口

Word 2016 取消了传统的菜单操作方式，取而代之的是各种选项卡。在 Word 2016 窗口上方看起来像菜单的名称其实是选项卡的名称，当单击这些名称时并不会打开菜单，而是切换到与之相对应的选项卡面板。每个选项卡根据功能的不同又分为若干个组，每个选项卡所拥有的功能如下所述：

1. "文件"选项卡

"文件"选项卡位于界面的左上角，可实现打开、保存、打印、新建和关闭等功能。

2. "开始"选项卡

"开始"选项卡中主要包括"剪贴板""字体""段落""样式""编辑"五个组，该选项卡主要用于帮助用户对文档进行文字编辑和格式设置，是用户最常用的功能区。

3. "插入"选项卡

"插入"选项卡主要包括"页面""表格""插图""链接""页眉和页脚""文本""符号"等几个组，主要用于在 Word 文档中插入各种元素。

4. "设计"选项卡

"设计"选项卡包括"文档格式""页面背景"两个组,用于帮助用户设置文档的设计模板、页面背景等样式。

5. "布局"选项卡

"布局"选项卡包括"页面设置""稿纸""段落""排列"四个组,用于帮助用户设置 Word 文档页面样式。

6. "引用"选项卡

"引用"选项卡包括"目录""脚注""信息检索""引文与书目""题注""索引""引文目录"等几个组,用于实现在 Word 文档中插入目录等比较高级的功能。

7. "邮件"选项卡

"邮件"选项卡包括"创建""开始邮件合并""编写和插入域""预览结果""完成"五个组,该功能区的作用比较专一,专门用于在 Word 文档中进行邮件合并方面的操作。

8. "审阅"选项卡

"审阅"选项卡包括"校对""语言""中文简繁转换""批注""修订""更改""比较""保护"等几个组,主要用于对 Word 文档进行校对和修订等操作,适用于多人协作处理 Word 长文档。

9. "视图"选项卡

"视图"选项卡包括"视图""显示""显示比例""窗口""宏"五个组,主要用于帮助用户设置 Word 操作窗口的视图类型,以方便操作。

10. "帮助"选项卡

"帮助"选项卡只有"帮助"这一个分组,主要帮助用户获取帮助,快速上手。

三、输入并保存文档

在当前窗口编辑区内,输入文本内容,每行文字输入完后按【Enter】键换行。

在文本输入过程中如果发现有错别字,可以按键盘上的【Delete】键删除插入点右侧字符,按【Backspace】键删除插入点左侧字符。

保存文档的方法如下:

选择"文件"→"保存"命令,弹出"另存为"对话框,如图 3-2 所示,在该对话框中选择文件保存的位置、保存类型,并输入文件名"咏柳"可保存文件。

在编辑文档的过程中,也要及时保存文件,以防因断电、死机或系统自动关闭等情况造成信息丢失。保存文件的快捷键为【Ctrl】+【S】。

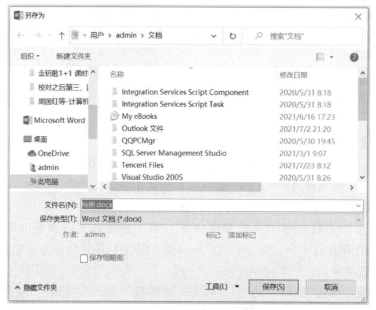

图 3-2 "另存为"对话框

知识拓展

- 文档只有在第一次保存时才出现"另存为"对话框,对已经保存过的文档进行编辑修改后,再次保存时,不出现"另存为"对话框,程序直接对文档进行保存。
- 对原文档进行各种编辑后,如果希望保留原始文档的内容,可将修改后的文档另存为另一个文档,方法是:执行"文件"→"另存为"命令,在"另存为"对话框中设置与前文档不同的保存位置、名称或类型。
- 如果要将文档保存为其他文件格式,如纯文本、RTF 格式、Word 97－2003 模板,可以使用"文件"→"另存为"命令,并在"保存类型"下拉列表中选择合适的文件类型。

四、退出程序

单击标题栏右侧的"  "按钮,退出 Word 程序。如果该文档中有修改过的内容没有被保存,程序会提醒用户是否保存对文档的修改。

任务巩固

1. 查看"快速访问工具栏"。
2. 依次单击各个菜单按钮,查看并了解各个功能区的功能。
3. 建立一个以自己的姓名命名的 Word 文档,输入一段自我介绍的文字,完成后保存并退出。

任务 3.2　文档的编辑

- 掌握文档的基本编辑方法，包括插入、修改、删除、复制、移动等操作。
- 能利用"查找与替换"功能快速替换指定内容，提高编辑效率。

打开"Word 素材"文件夹中的"雪花.docx"文件，编辑成下框所示的文件，以文件名"雪花及降雪量.docx"保存在个人专用文件夹下。

雪花及降雪量

雪花是由空中的水蒸气遇冷后凝结形成的。雪花看起来是白色的，实际上雪是冰的晶体，冰晶是无色透明的。雪花的外形基本呈六角形，其千姿百态的图案就像精美的艺术品，雪花的图案大约有两万余种。

在我们收听收看天气预报时，总会有一个总体的概念，当预报有大雪时，便知道雪可能下得大；当预报有小雪时，则雪可能下得小。

对于降雪量，在气象上是有严格的规定的，它与降雪量的标准截然不同。雪量是根据气象观测者，用一定标准的容器，将收集到的雪融化后测量出的量度。

如同降雨量一样，降雪量是指一定时间内所降的雪的多少，有 24 小时和 12 小时的不同标准。在天气预报中通常是预报白天或夜间的天气，这主要是指 12 小时的降雪量。

具体要求如下：
① 在文本前插入标题"雪花及降雪量"。
② 在第三段"在我们收听收看天气预报时……"前开始另起一段。
③ 将第四段移动到第三段前面。
④ 除最后一段"如同降雨量一样"一句外，将文档中所有"雨"替换为"雪"。

一、打开 Word 文件

通过"此电脑"或"Windows 资源管理器"找到"Word 素材"文件夹中的"雪花.docx"文件，双击该文件，启动 Word 并打开此文档。

二、输入标题

将鼠标光标移至文档首行行首并单击，使插入点切换到文档的起始位置，按下【Enter】键，这样就在文档的首行前插入了一行空行，将插入点切换到空行行首，输入标题"雪花及降雪量"。

三、编辑文档

操作步骤如下：

第一步：将插入点光标移至"在我们收听收看天气预报时……"之前的位置，按下【Enter】键，使其另成一段。

第二步：选中第四段后选择"开始"选项卡的"剪贴板"组中的"剪切"命令，然后在第三段段首单击，在光标处再选择"开始"选项卡的"剪贴板"组中的"粘贴"命令。

> **知识拓展**
>
> 在 Word 中选定文本的方法有很多种：
> - 使用文本选择区：文本选择区是指文本编辑区的左侧空白处。在文本选择区，当鼠标指针变为向右倾斜的箭头时，单击可选定鼠标所在行，双击可选定鼠标所在段落，三击可选定整个文档。
> - 选定任意文本：将光标定位在文本开始位置，按住鼠标左键拖动或滚动滚轮至结尾处。
> - 选定长文档：在文档开始处单击，按住【Shift】键，再单击结尾处，其间的文本即被选定。
> - 选定一个词：用鼠标左键双击目标词。
> - 选定一个句子：按住【Ctrl】键，单击该句中任意位置（以句号结尾的一串文字）。
> - 选定一行或多行：用鼠标指向文本选择区，单击选定第一行，然后拖动到最后一行。
> - 选定一个段落：在段落中三击鼠标左键，或在文本选择区中双击鼠标左键。
> - 选定整个文档：使用快捷键【Ctrl】+【A】或在文本选择区中三击鼠标左键。
>
> 在 Word 中移动、复制文本的方法有很多种：
> - 使用快捷键移动、复制文本：按快捷键【Ctrl】+【X】剪切文本，按快捷键【Ctrl】+【C】复制文本，按快捷键【Ctrl】+【V】粘贴文本。
> - 使用鼠标移动文本：选定内容后按住鼠标左键拖动到目标位置。
> - 使用鼠标复制文本：选定内容后按住【Ctrl】键拖动已选定的文本到目标位置，先松开鼠标左键，再松开【Ctrl】键。

四、替换文本

将光标定位到正文开始处，选择"开始"选项卡的"编辑"组中的"替换"命令，打开"查找和替换"对话框，在"查找内容"框中输入"雨"，在"替换为"框中输入"雪"，再单击"全部替换"按钮，如图 3-3 所示。接着，再将最后一段"如同降雪量一样"一句中的"雪"改为"雨"。

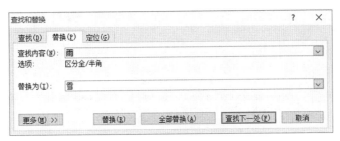

图 3-3 "查找和替换"对话框

五、保存文件

执行"文件"→"另存为"命令,以文件名"雪花及降雪量.docx"保存在个人专用文件夹中,并关闭文档。

1. 打开"Word 素材\任务巩固"文件夹中的"任务 2 拓展练习:雪花及降雪量(续).docx"文件,练习选定文本的各种方法。
2. 练习使用快捷键完成文本的移动和复制操作。
3. 练习使用鼠标拖动的方法完成文本的移动和复制操作。
4. 尝试将正文(不包含标题)中所有的"雨"替换为"雪"。

任务 3.3　文档的格式化

- 能准确地设置文本的字体及段落的格式。
- 能熟练地通过"设计""布局"选项卡设置文档的页面效果。
- 能利用合适的格式设置方法将文档设置成指定效果。

打开"Word 素材"文件夹中的"乐音和音节.docx"文件,编辑成如图 3-4 所示的文件,以原文件名保存在个人专用文件夹下。

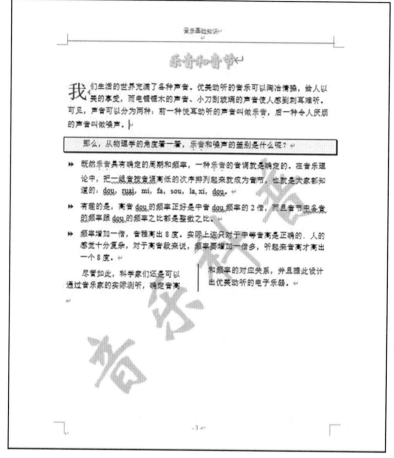

图 3-4 "乐音和音节"样张

具体要求如下:

① 设置纸张大小为 16 开,上、下页边距为 2 厘米,左、右页边距为 1.5 厘米,装订线为靠左 0.5 厘米。

② 将标题段文字"乐音和音节"设置为小一号、华文新魏、加粗、居中,文字间距紧缩 1.5 磅;将其文本效果设置为"渐变填充:金色,主题色 4;边框:金色,主题色 4",阴影效果为"外部"→"偏移:右下",阴影颜色为紫色。

③ 将正文中所有的"乐音"设置为红色,加着重号。

④ 将正文各段文字"我们生活的世界充满了各种声音……优美动听的电子乐器"中的中文字体设置为宋体,西文字体设置为 Times New Roman,字号均为小四号,将段落格式设置为 1.15 倍行距、段前距 0.4 行;将正文第一段设置首字下沉 2 行,距离正文 0.2 厘米;将正文中的三个小标题"(1)""(2)""(3)"修改成新定义的项目符号"▶▶"(该符号在 Webdings 字体中。注意:如果设置项目符号带来字号变化请及时修正,没有则忽略此提示);设置除第一段和三个标题段以外的其余各段落首行缩进 2 字符。

⑤ 给第二段设置 1.5 磅浅绿色阴影边框,并添加"金色,个性色 4,淡色 80%"底纹。

⑥ 在页面底端插入"普通数字 2"样式页码,设置页码编号格式为"-3-,-3-,-3-,…",起

始页码为"-3-"。

⑦ 在"文件"选项卡中修改该文档的高级属性,作者为"NCRE",单位为"NEEA",文档主题为"音乐基础知识";在页面顶端插入"空白"型页眉,页眉内容为该文档的主题。

⑧ 为页面添加文字水印"音乐科普",字体为"华文新魏",字号为120磅,颜色为红色。

⑨ 将最后一段分为等宽两栏,栏间距为3字符,并添加分隔线。

一、调整页面布局

操作步骤如下:

第一步:打开"乐音和音节.docx",单击"布局"选项卡的"页面设置"组中的对话框启动器按钮,在打开的"页面设置"对话框中单击"纸张"选项卡,设置纸张大小为"16开"。

第二步:单击"页边距"选项卡,设置上、下页边距为2厘米,左、右页边距为1.5厘米,装订线为0.5厘米,位置为"靠左",如图3-5所示。

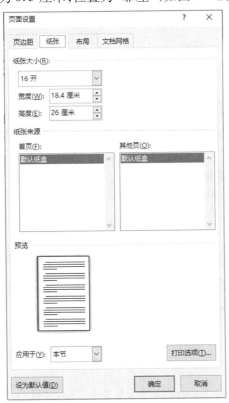

图3-5 "页面设置"对话框

二、设置标题格式

操作步骤如下:

第一步:选中标题行,单击"开始"选项卡的"字体"组中的对话框启动器按钮,在打开的"字体"对话框中单击"字体"选项卡,设置中文字体为华文新魏、字号为小一号、字形为加粗;再单击"高级"选项卡,设置字符间距为紧缩、1.5磅,如图3-6所示。

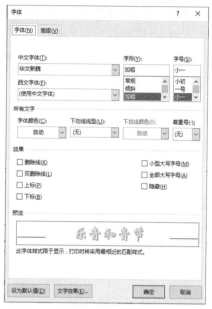 

图 3-6 "字体"对话框

第二步:选中标题行,单击"开始"选项卡的"段落"组中的"居中"按钮,完成标题行的居中对齐。

第三步:保持标题行的选定状态不变,单击"开始"选项卡的"字体"组中的"文本效果和版式"按钮,在子菜单上部的预设部分中选择"渐变填充:金色,主题色4;边框:金色,主题色4",如图3-7所示。然后单击该子菜单下部的"阴影",依次选择"外部"→"偏移:右下"。最后单击"阴影"→"阴影选项",打开"设置文本效果格式"任务窗格,把阴影的颜色设置为"标准色"→"紫色",如图3-8所示。

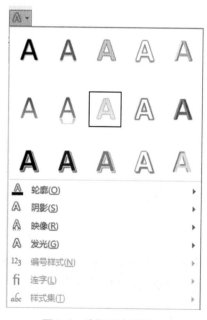 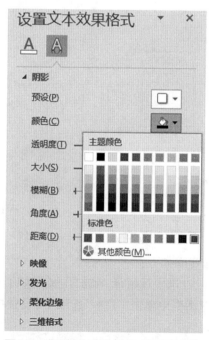

图 3-7 选择文本效果　　　　图 3-8 "设置文本效果格式"任务窗格

三、替换"乐音"文字格式

将插入点移至标题最后一个字符的右侧(或正文第一个字符的左侧),选择"开始"选项卡的"编辑"组中的"替换"命令,在打开的"查找和替换"对话框中将"查找内容"及"替换为"的内容均设为"乐音",单击"更多"按钮,在展开的对话框中,单击"格式"按钮,选择"字体"功能,设置字体颜色为红色,加着重号(注意格式一定要加在"替换为"位置的文字上),搜索范围设为"向下",如图 3-9 所示,单击"全部替换"按钮,出现对话框提示"是否从头继续搜索"(图 3-10),选择"否",完成对正文中乐音格式的替换。

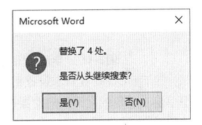

图 3-9 "查找和替换"对话框   图 3-10 "是否从头继续搜索"对话框提示

> **知识拓展**
>
> 在设置过程中可以清除已经设置好的格式,只要单击"查找和替换"对话框中的"不限定格式"按钮,即可删除"查找内容"或"替换为"内容的格式。

四、设置正文格式

操作步骤如下:

第一步:按题目要求设置正文字体。选中正文各段,在"开始"选项卡的"字体"组中单击右下角的对话框启动器按钮,弹出"字体"对话框,在"字体"选项卡中,设置中文字体为"宋体"、西文字体为"Times New Roman"、字号为"小四",如图 3-11 所示。

 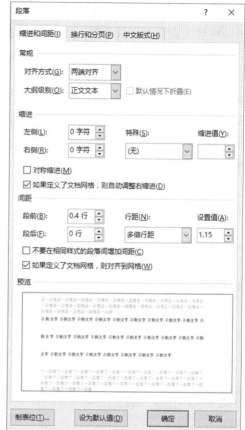

图 3-11　"字体"对话框　　　　　图 3-12　"段落"对话框

第二步：按题目要求设置正文段落格式。选中正文各段,在"开始"选项卡的"段落"组中单击右下角的对话框启动器按钮,弹出"段落"对话框,在"缩进和间距"选项卡的"间距"选项组中,设置"行距"为"多倍行距","设置值"为"1.15","段前"为"0.4 行",如图 3-12 所示。

第三步：按题目要求设置首字下沉。选中第一段,单击"插入"选项卡的"文本"组中的"首字下沉"下拉按钮,在下拉菜单中选择"首字下沉选项",设置"位置"为"下沉","下沉行数"为"2","距正文"为"0.2 厘米"。

第四步：按题目要求设置项目符号。选中正文中的 3 个相应段落,在"开始"选项卡的"段落"组中单击"项目符号"下拉按钮,在下拉列表中选择"定义新项目符号"命令,弹出"定义新项目符号"对话框(图 3-13)。单击"符号"按钮,弹出"符号"对话框,在"字体"下拉列表中选择"Webdings",找到并选中符号"▶▶"(图 3-14)。若设置完项目符号后,文中的 3 个段落发生变化,需将段落的字号修改为"小四"。

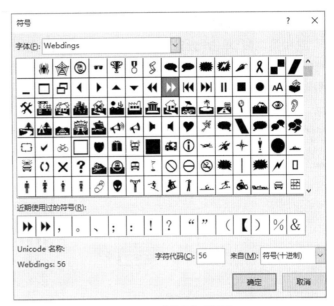

图 3-13 "定义新项目符号"对话框　　　　图 3-14 "符号"对话框

第五步：按题目要求设置段落缩进。选中第二段和第六段，在"开始"选项卡的"段落"组中单击右下角的对话框启动器按钮，弹出"段落"对话框，在"缩进和间距"选项卡的"缩进"选项组中，设置"特殊格式"为"首行缩进"，"缩进值"为"2 字符"。

知 识 拓 展

段落对齐方式是指段落在当前页中水平方向的对齐方式，包括：左对齐、两端对齐、居中、右对齐和分散对齐 5 种。

段前间距：该段与上一段之间的距离。段后间距：该段与下一段之间的距离。行间距：行与行之间的距离。

Word 提供了 4 种缩进方式：左缩进、右缩进、首行缩进和悬挂缩进，除了可以利用"段落"对话框进行设置外，还可以利用水平标尺调整段落缩进。在水平标尺上，有四个段落缩进滑块：首行缩进、悬挂缩进、左缩进及右缩进。按住鼠标左键拖动它们即可完成相应的缩进，如果要精确缩进，可在拖动的同时按住【Alt】键，此时标尺上会出现刻度。

利用格式刷可以直接复制整个段落或文字的所有格式。方法为：先选中需要复制格式的文本或段落，再单击"开始"选项卡的"剪贴板"组中的"格式刷"按钮，此时鼠标指针变成一个刷子，用"刷子"在其他文本或段落处刷一下，则被刷的文本或段落的格式就和前面一模一样了。选择"格式刷"功能时，若单击，格式刷只能使用一次；若双击，则可以使用无数次。刷完后按【Esc】键或再次单击"格式刷"按钮，可退出格式刷功能。

在"首字下沉"对话框中可以设置下沉和悬挂两种效果。

五、添加边框和底纹

选中第二段,单击"设计"选项卡的"页面背景"组中的"页面边框"按钮,在打开的"边框和底纹"对话框中单击"边框"选项卡,设置边框颜色为标准色浅绿色、宽度为 1.5 磅,再单击"阴影",接下来选择"底纹"选项卡,设置填充色为"金色,个性色 4,淡色 80%",如图 3-15 所示。

 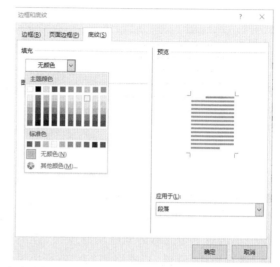

图 3-15 "边框和底纹"对话框

利用"边框和底纹"对话框中的"页面边框"选项卡还可以设置整个页面的边框效果。

六、插入页码

在"插入"选项卡的"页眉和页脚"组中单击"页码"下拉按钮,在下拉列表中选择"页面底端",再选择"简单"中的"普通数字 2",如图 3-16 所示。在"页眉和页脚工具—设计"选项卡的"页眉和页脚"组中单击"页码"下拉按钮,在下拉列表中选择"设置页码格式"命令,弹出"页码格式"对话框,设置"编号格式"为"-1-,-2-,-3-,…",选中"起始页码"单选按钮,设置"起始页码"为"-3-",如图 3-17 所示。

在 Word 中可以设置奇偶页不同的页眉或页脚,方法是:单击"布局"选项卡的"页面设置"中的对话框启动器按钮,在打开的"页面设置"对话框中选择"版式"选项卡,选中"奇偶页不同"复选框,然后在其中一个奇数页上,添加要在奇数页上显示的页眉或页脚,在其中一个偶数页上,添加要在偶数页上显示的页眉或页脚。

删除页码、页眉和页脚的方法是:先双击页眉、页脚或页码,然后选择页眉、页脚或页码,再按【Delete】键。

图 3-16　插入"普通数字 2"　　　　图 3-17　"页码格式"对话框

七、设置文档的高级属性并插入页眉

操作步骤如下：

第一步：按题目要求修改文档的高级属性。单击窗口左上角的"文件"按钮，在弹出的菜单中选择"信息"，在"信息"区域中单击"属性"下拉按钮，在下拉列表中选择"高级属性"命令，弹出"属性"对话框，在"摘要"选项卡的"作者"文本框内输入"NCRE"，在"单位"文本框内输入"NEEA"，在"主题"文本框内输入"音乐基础知识"，如图 3-18 所示。

第二步：按题目要求插入页眉。在"插入"选项卡的"页眉和页脚"组中单击"页眉"下拉按钮，在下拉列表中选择"内置"下的"空白"，将光标置于页眉中，在"页眉和页脚工具—设计"选项卡的"插入"组中单击"文档部件"下拉按钮，在下拉列表中选择"文档属性"，再选择"主题"，最后单击"关闭"组中的"关闭页眉和页脚"按钮，退出页眉和页脚的编辑状态，如图 3-19所示。

图 3-18 "属性"对话框　　　　　图 3-19 设置文档的高级属性

八、添加水印

在"设计"选项卡的"页面背景"组中单击"水印"下拉按钮,在下拉列表中选择"自定义水印"命令,弹出"水印"对话框,选中"文字水印"单选按钮,在"文字"文本框中输入"音乐科普",设置"字体"为"华文新魏",设置"字号"为"120",设置"颜色"为"标准色"→"红色",如图 3-20 所示。

九、为文档分栏

选中最后一段,在"布局"选项卡的"页面设置"组中单击"栏"下拉按钮,在下拉列表中选择"更多栏",在弹出的"栏"对话框中,设置"栏数"为"2",在"宽度和间距"组中,设置"间距"为"3 字符",并选中"栏宽相等""分隔线"复选框,如图 3-21 所示。

> **知识拓展**
>
> 对文档的最后一段分栏,需要在文档的尾部插入回车符。
> 分栏时各个栏宽可以不相等,只需将"栏宽相等"复选框前的"√"去除,即可设置不同的栏宽和间距。

图 3-20 "水印"对话框　　　　图 3-21 "栏"对话框

十、保存文件

单击"文件"→"保存"命令,保存文件。

在编辑 Word 文档的时候,如果所做的操作不合适,而想返回到当前结果前面的状态,则可以通过"快速访问工具栏"中的"撤消"(按【Ctrl】+【Z】组合键)或"恢复"(按【Ctrl】+【Y】组合键)功能实现。"撤消"功能可以保留最近执行的操作记录,用户可以按照从后到前的顺序撤消若干步骤,但不能有选择地撤消不连续的操作。执行撤消操作后,还可以将 Word 文档恢复到最新编辑的状态。当用户执行一次"撤消"操作后,用户可以单击"快速访问工具栏"中已经变成可用状态的"恢复"按钮来完成。

1. 打开"Word 素材\任务巩固"文件夹中的文件"任务 3 拓展练习:乐音和音节.docx",除第一段之外,设置所有段落行间距为固定值 24 磅。
2. 将文档第二段分为左右不等的两栏,栏间距为 3 厘米。
3. 删除页码,重新设置页码为靠右对齐,格式为"a,b,c,…"。
4. 设置文档页面边框为艺术型边框"红苹果"、宽度为 25 磅。
5. 将最后一段文字设置为"强调"样式。

任务 3.4　表格的建立与编辑

- 能够创建表格并掌握表格的编辑和格式化方法。
- 掌握表格的计算与排序方法。
- 能将表格与文本相互转换。

打开"Word 素材"文件夹中的"表格素材.docx"文件,编辑成如图 3-22 所示的文件,以文件名"2006—2017 年北京市高考报名人数统计.docx"保存在个人专用文件夹下。

2006—2017 年北京市高考报名人数[1]

年份	人数	普通文科	普通理科	其他
2006 年	126027	37433	72826	15768
2007 年	125435	35837	74039	15559
2008 年	118106	33642	70147	14317
2009 年	100335	29140	59052	12143
2017 年	60638	17641	36595	6402
2015 年	67816	19617	41819	6380
2010 年	80241	25643	48365	6233
2014 年	70517	19389	45095	6033
2016 年	61222	18425	37255	5542
2013 年	72736	20913	46455	5368
2011 年	76007	25418	45439	5150
2012 年	73460	22855	45494	5111
合计	1032540	305953	622581	104006

图 3-22　样张

具体要求如下:

① 将文中最后 13 行文字转换成一个 13 行 5 列的表格。

② 在表格下方添加一行,并在该行的第 1 列单元格中输入"合计",在该行其余列单元格中利用公式分别计算相应列的合计值。

③ 设置表格居中,表格的第 1 行和第 1 列内容水平居中,其余单元格内容中部右对齐。

④ 设置表格列宽为2.2厘米,行高为0.7厘米,表格中所有单元格的左、右页边距均为0.2厘米。
⑤ 用表格第1行设置表格"重复标题行"。
⑥ 按"其他"列依据"数字"类型降序排列除最后一行外的其余表格内容。
⑦ 设置表格外框线和第1行的下框线为0.75磅蓝色双窄线,其余内框线为0.5磅蓝色单实线,删除表格左、右两侧外框线。
⑧ 设置表格底纹颜色为"绿色,个性色6,淡色80%"。
⑨ 为表格标题添加脚注"数据来源:网络"。

任务实施

一、将文本转换为表格

打开"表格素材.docx"文件,选中文档中最后13行文字,在"插入"选项卡的"表格"组中单击"表格"下拉按钮,在下拉列表中选择"文本转换成表格"命令,弹出"将文字转换成表格"对话框,单击"确定"按钮,如图3-23所示。

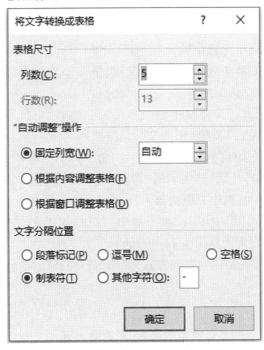

图3-23 "将文字转换成表格"对话框

知识拓展

Word 中还可以通过合并单元格和拆分单元格建立不规则的表格。

- 合并单元格：先选中需要合并的几个相邻单元格，再选择"表格工具—布局"选项卡的"合并"组中的"合并单元格"命令，即可将几个相邻的单元格合并成一个单元格。
- 拆分单元格：先选中要拆分的单元格，再选择"表格工具—布局"选项卡的"合并"组中的"拆分单元格"命令，在弹出的"拆分单元格"对话框中输入拆分后的行数和列数，单击"确定"按钮即可，如图3-24所示。

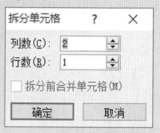

图3-24 "拆分单元格"对话框

二、编辑表格

操作步骤如下：

第一步：将鼠标光标置于表格最后一行任一单元格中并右击，在弹出的快捷菜单中选择"插入"→"在下方插入行"命令，即可在表格下方添加一空行。然后在表格最后一行第1列单元格中输入"合计"。将光标置于表格最后一行的第2列单元格中，在"表格工具—布局"选项卡的"数据"组中单击"公式"按钮，弹出"公式"对话框，在"公式"文本框中输入公式"=SUM(ABOVE)"，单击"确定"按钮（图3-25）。按同样的方法计算最后一行其余列的合计值。

图3-25 "公式"对话框

第二步：选中表格，在"开始"选项卡的"段落"组中单击"居中"按钮，完成表格的居中。选中表格的第1行，在"表格工具—布局"选项卡的"对齐方式"组中单击"水平居中"按钮，如图3-26所示。按同样的方法设置表格第1列内容的对齐方式为"水平居中"，设置表格其余单元格内容对齐方式为"中部右对齐"。

图3-26 "对齐方式"组

知识拓展

对表格进行操作前要先选定表格中的行、列或者单元格。单元格是表格中行和列交叉所形成的框。对表格中行、列或者单元格的选定方法基本上与在文档中选定文本的方法一样。

方法一：使用鼠标拖动选择。移动鼠标指针到要选定区域的左上角单元格，拖动鼠标到要选定的右下角单元格，松开鼠标键，则鼠标经过区域被选中。

方法二：使用选定区选择。在表格中也存在一个选定区，分别在表格的左边、单元格的左边界及表格的顶端。

- 选定单元格:将鼠标指针移到单元格左边,当指针变为向右指向的黑色箭头时单击。
- 选定表行:移动鼠标指针到表格的左边,当指针变为向右指向的空心箭头时单击。
- 选定表列:移动鼠标指针到要选定列的顶端,当指针变为向下指向的黑色箭头时单击。
- 选定整张表格:将鼠标指针移到表格内,在表格左上角和右下角会出现表格移动控点,单击此控点,将选定整张表格。

方法三:使用"选择"命令选择。移动鼠标指针到要选择表的行或列,选择"表格工具—布局"选项卡的"表"组中的"选择"命令来实现选择。

第三步:选中表格,在"表格工具—布局"选项卡的"单元格大小"组中设置"高度"为"0.7厘米","宽度"为"2.2厘米"。在"表格工具—布局"选项卡的"对齐方式"组中单击"单元格边距"按钮,弹出"表格选项"对话框,设置"默认单元格边距"组中的"左"为"0.2厘米","右"为"0.2厘米",如图3-27所示。

第四步:在"表格工具—布局"选项卡的"数据"组中单击"重复标题行"按钮。

第五步:选中表格中除最后一行外的其他行,在"表格工具—布局"选项卡的"数据"组中单击"排序"按钮,弹出"排序"对话框,设置"主要关键字"为"其他","类型"为"数字",选中"降序"单选按钮,如图3-28所示。

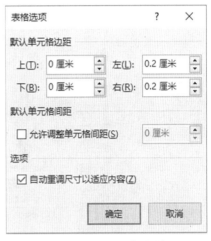

图 3-27 "表格选项"对话框

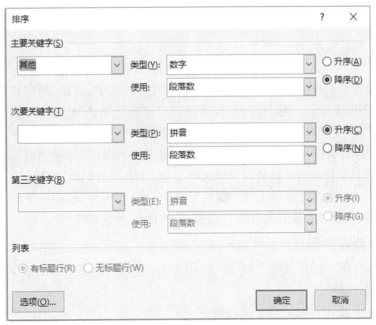

图 3-28 "排序"对话框

三、修饰表格

操作步骤如下：

第一步：设置表格内、外框线。选中表格，在"表格工具—设计"选项卡的"边框"组中单击右下角的对话框启动器按钮，弹出"边框和底纹"对话框，在"边框"选项卡中，单击"设置"中的"方框"，设置样式为"双窄线"，"颜色"为"标准色"→"蓝色"，设置"宽度"为"0.75磅"；单击"设置"中的"自定义"，设置"样式"为"单实线"，设置"颜色"为"标准色"→"蓝色"，设置"宽度"为"0.5 磅"，单击"预览"区中的"内部横框线""内部竖框线"按钮，如图 3-29 所示。

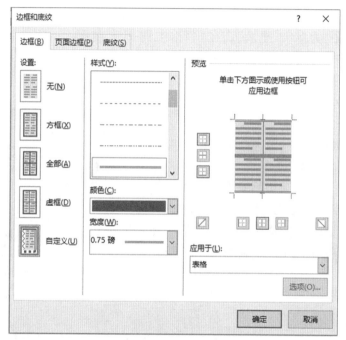

图 3-29 "边框和底纹"对话框

第二步：设置第 1 行下框线。选中第 1 行，在"边框"组中，设置"笔样式"为"双窄线"，"笔画粗细"为"0.75 磅"，"笔颜色"为"标准色"→"蓝色"，单击"边框"下拉按钮中的"下框线"。

第三步：删除表格左、右两侧外框线。在"表格工具—设计"选项卡的"边框"组中单击"边框"下拉按钮，在弹出的下拉列表中依次单击"左框线""右框线"按钮。

第四步：选中表格，在"表格工具—设计"选项卡的"表格样式"组中单击"底纹"下拉按钮，在下拉列表中选择"主题颜色"中的"绿色，个性色6，淡色 80%"。

四、为表格添加脚注

选中表标题，在"引用"选项卡的"脚注"组中单击"插入脚注"按钮，在鼠标光标处输入文字"数据来源：网络"。

五、保存文件

单击"文件"按钮，在弹出的菜单中选择"另存为"命令，打开"另存为"对话框，设置文件路径为个人专用文件夹,文件名为"2006—2017年北京市高考报名人数统计",类型为"Word文档(*.docx)"。

1. 打开"Word 素材\任务巩固"文件夹中的"任务4 拓展练习:指标文献依据表"文件,完成以下操作:
2. 将文中所有文字按照制表符转换成一个16行3列的表格。
3. 合并第1列的第2~6行、第7~9行、第10~12行、第13~14行、第15~16行单元格。
4. 设置表格中所有的文字为小四、中文为仿宋、西文为Times New Roman,根据内容自动调整表格。
5. 设置表格居中、标题行重复。
6. 设置表标题字体为四号、华文楷体、居中。
7. 设置表格外框线和第1、2行间的内框线为1.5磅蓝色单实线,其余内框线为0.75磅蓝色单实线。
8. 为表格第1行、第1列填充"金色,个性色4,淡色80%"的底纹。

任务3.5　图文混排

- 能在文档适当位置插入图片、艺术字和文本框。
- 掌握图文混排的排版方式。

打开"Word素材"文件夹中的"海洋科学.docx"文件,编辑成如图3-30所示的文件,以原文件名保存在个人专用文件夹下。

图 3-30 "海洋科学"样张

具体要求如下：

① 在文档右上方插入竖排文本框，输入文字"发现洋底巨型山脉"，并设置文字格式为隶书、蓝色、二号，字符缩放 66%；设置文本框填充色为黄色、透明度 80%，设置文本框线条为 1.5 磅红色短划线，设置文本框宽度为 1.5 厘米、高度为 4.4 厘米，并把文本框设置为顶端居右、四周型文字环绕。

② 在文档的第二段插入图片"hy.jpg"，图片高度、宽度缩放比例均为 90%，环绕方式为"紧密型"，图片样式为"映像圆角矩形"。

③ 在文档第三段右侧插入云形标注，在其中输入"大西洋中脊"，文字格式为宋体、五号、蓝色、加粗。

④ 在文档的最后插入艺术字"海洋科学"，选择第 2 行第 3 列艺术字样式，并设置艺术字转换弯曲为"双波形 2"，对齐方式为"水平居中"。

⑤ 保存文件。

任务实施

一、插入文本框

操作步骤如下：

第一步：打开"海洋科学.docx"，选择"插入"选项卡的"文本"组中的"文本框"命令，在弹出的下拉列表框中选择"绘制竖排文本框",在文档右上方使用鼠标拖动生成一个竖排文本框,在其内输入文字"发现洋底巨型山脉"。

第二步:选中输入的文字,单击"开始"选项卡的"字体"组中的对话框启动器按钮,在打开的"字体"对话框的"字体"选项卡中将文字设置为隶书、蓝色、二号,在"高级"选项卡的"字符间距"项中将"缩放"改为66%。

第三步:选中文本框,单击"绘图工具—格式"选项卡的"形状样式"组中的对话框启动器按钮,打开"设置形状格式"任务窗格,设置填充颜色为"黄色"、透明度为"80%",设置文本框线条颜色为"红色"、宽度为"1.5磅"、短划线类型为"短划线"(图3-31)。

第四步:将"绘图工具—格式"选项卡的"大小"组中的形状高度改为"4.4厘米"、宽度改为"1.5厘米";最后选择"绘图工具—格式"选项卡的"排列"组中的"位置"命令,在弹出的下拉列表中选择"文字环绕"中的"顶端居右,四周型文字环绕"选项,如图3-32所示。

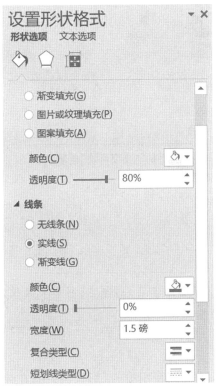

图3-31 "设置形状格式"任务窗格

图3-32 设置文字环绕方式

知 识 拓 展

Word中的文本框是一个独立的工具。利用文本框工具,可以方便地在文档中放置文本和图片,并可以随意对其进行移动、设置文字环绕,从而编排出更加丰富多彩的文档。文本框分为横排文本框和竖排文本框,可以把文本框看作一个特殊的图形对象。

二、插入图片

将插入点移至第二段左上角,选择"插入"选项卡的"插图"组中的"图片"命令,在弹出的"插入图片"对话框中选择图片"hy.jpg",单击"插入"按钮,即完成图片的插入;接下来选择插入的图片,单击"图片工具—格式"选项卡的"大小"组中的对话框启动器按钮,在打开的"布局"对话框中单击"大小"选项卡,设置图片高度、宽度缩放比例均为"90%"[图3-33(a)],再单击"文字环绕"选项卡,选择环绕方式为"紧密型",单击"确定"按钮即可,如图3-33(b)所示;最后选中图片,单击"图片工具—格式"选项卡的"图片样式"组中的"映像圆角矩形"按钮。

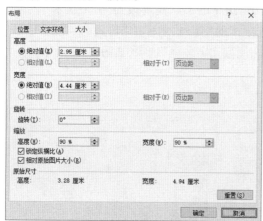 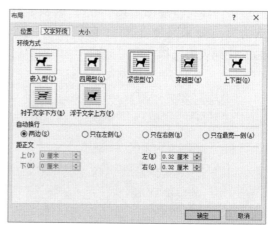

(a)"大小"选项卡　　　　　　　　　(b)"文字环绕"选项卡

图3-33 "布局"对话框

知识拓展

设置图片格式的方法可以使用"图片工具"中的命令完成,也可以使用快捷菜单中的命令完成。

当选中一幅图片后,Word窗口会自动增加一个"图片工具"选项卡,利用此选项卡可以设置图片的环绕方式、图片的大小和位置及图片的边框等。

三、插入云形标注

将插入点移至第三段右侧,单击"插入"选项卡的"插图"组中的"形状"按钮,在弹出的下拉列表中选择"标注"中的"云形标注",在插入点处使用鼠标拖动生成一个云形标注,在其内输入"大西洋中脊",并设置其字体格式为宋体、五号、蓝色、加粗,如图3-34所示。

图3-34 插入"云形标注"

知识拓展

在文档中可以插入各种形状,这里的形状是指 Word 中一些预设的矢量图形对象,如线条、矩形、圆、星形和标注等。矢量图形的特点是可以随意放大或缩小而不会失真,非常适合于作为文档中的插图。在"插入"选项卡的"插图"组的"形状"中含有 8 种预设的形状。选择某种类型的图形形状,在文档空白处拖动鼠标十字光标到一定的大小,然后松开鼠标按键,即可插入所选图形形状。如果对形状大小不满意,可用形状四周的控点进行调整。

四、插入艺术字

将插入点移至文档最后,选择"插入"选项卡的"文本"组中的"艺术字"命令,在弹出的下拉列表中选择第 2 行第 3 列样式,输入艺术字"海洋科学";选中艺术字,选择"绘图工具—格式"选项卡的"艺术字样式"组中的"文本效果"命令,在弹出的下拉列表中选择"转换"→"双波形 2"命令,如图 3-35 所示。选中艺术字,单击"布局"选项卡的"排列"组中的"对齐"按钮,设置其水平对齐方式为"水平居中"。

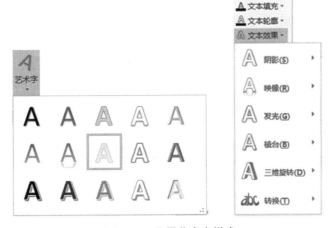

图 3-35 设置艺术字样式

知识拓展

艺术字是可添加到文档中的装饰性文本。在文档中添加艺术字可以使文档更加美观。通过使用"绘图工具—格式"选项卡(在文档中插入或选择艺术字后自动提供),可以对艺术字进行更改(如字体大小和文本颜色)。

五、保存文件

执行"文件"→"另存为"命令,将文件保存在个人专用文件夹下。

 任务巩固

1. 新建 Word 文档,插入横排文本框,输入文字内容"横排文本框",设置文字格式为楷体、二号、加粗、红色,文本框边框为红色、1 磅、双线,填充纹理为"画布"。

2. 在文档中插入一个笑脸,设置线条颜色为红色,填充色为黄色。

项 目 实 战

1. 打开"Word 素材\项目实战"文件夹中的"Word1.docx"文件,参考图 3-36,按下列要求进行操作并保存。

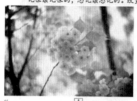

图 3-36 样张 1

（1）将文中所有错词"人声"替换为"人生"；对标题应用"标题1"样式，并设置为小三号、隶书、居中，段前、段后间距均为6磅，单倍行距；将标题字体颜色设置为"橙色，个性色6，深色50%"，文本效果为"映像"→"映像变体"→"紧密映像，4 pt 偏移量"；修改标题阴影效果为"内部"→"内部：右上"；编辑文档属性信息，在"摘要"选项卡中将"作者"设置为"NCRE"，"单位"设置为"NEEA"，标题设置为"活出精彩，博出人生"。

（2）设置纸张方向为"横向"，设置上、下页边距均为各3厘米，左、右页边距均为2.5厘米，装订线位于左侧3厘米处，页眉、页脚各距边界2厘米，每页24行；添加空白型页眉，键入文字"校园报"，设置页眉文字为小四号、黑体、深红色、加粗；为页面添加水平文字水印"精彩人生"，设置文字颜色为"橄榄色，个性色3，淡色80%"。

（3）将正文第一、二段设置为小四号、楷体；首行缩进2字符，行间距为1.13倍；将正文前两段分为等宽两栏，栏宽为28字符，并添加分隔线；将文本"记住该记住的……接受不能接受的。"设置为黄色突出显示；在"校运动会奖牌排行榜"前面的空行处插入图片picture1.jpg，设置图片高度为5厘米，宽度为7.5厘米，文字环绕为上下型，艺术效果为"马赛克气泡"，透明度为"80%"。

（4）将文中后12行文字转换为一个12行5列的表格，文字分隔位置为"空格"；设置表格列宽为2.5厘米，行高为0.5厘米；将表格第1行合并为一个单元格，内容居中；为表格应用样式"网格表4-着色2"；设置表格整体居中。

（5）将表格的第1行文字设置为小三号、黑体、字符间距加宽1.5磅；统计各班金、银、铜牌合计，将各类奖牌合计填入相应的行和列；以金牌为主要关键字、降序，银牌为次要关键字、降序，铜牌为第三关键字、降序，对9个班进行排序。

2. 打开"Word素材\项目实战"文件夹中的"Word2.docx"文件，参考图3-37，按下列要求进行操作并保存。

（1）将标题段文字设置为二号、"深蓝，文字2，深色50%"、楷体、加粗、居中，文本效果设置为"映像"→"映像变体"→"全映像，8 pt 偏移量"，透明度为80%，模糊为90磅；为标题段文字加红色波浪式下划线，设置其文字间距紧缩1.6磅。

（2）设置正文一至四段文字为小四、新宋体、首行缩进2字符、1.4倍行距；将正文第三段的缩进格式修改为"无"，并设置该段首字下沉2行，距正文0.5厘米；在第一段下面插入图片"分布图.jpg"，图片居中，并将该图片的艺术效果设置为"纹理化"，缩放为"50"。

（3）设置页面的上、下、左、右页边距分别为2.3厘米、2.3厘米、3.2厘米和2.8厘米，装订线位于靠左0.5厘米处；插入分页符，使第四段及其后面的文本置于第二页并在页面底端插入"X/Y"→"加粗显示的数字1"页码；设置文档的高级属性，标题为"学位论文"，主题为"软件和信息服务业研究"，添加两个关键词"软件；信息服务业"；插入"边线型"封面，选取日期为"今日"；设置页面颜色为"水绿色，个性色5，淡色80%"。

（4）将文中最后五行文字依制表符转换为一个5行7列的表格，表格文字设为小五、方正姚体；设置表格第2~7列列宽为1.5厘米；设置表格居中，除第1列外，表格中的所有单元格内容水平居中；设置表标题文字为小四、黑体。

（5）为表格的第1行和第1列添加"茶色，背景2，深色25%"的底纹，其余单元格添加"白色，背景1，深色15%"的底纹。在表格后插入一行文字"数据来源：国泰安数据库，

Eviews 6.0 软件计算",并设置其为小五号、左对齐。

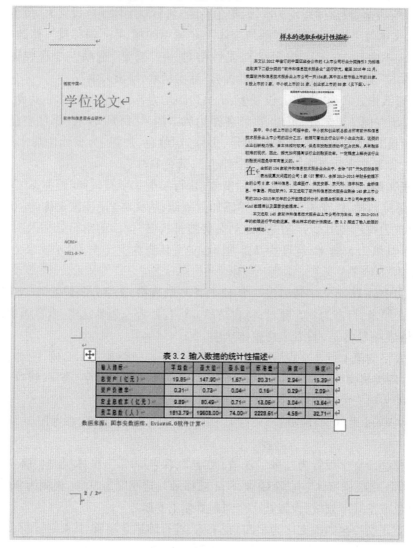

图 3-37　样张 2

3. 打开"Word 素材\项目实战"文件夹中的"Word3.docx"文件,参考图 3-38,按下列要求进行操作并保存。

(1) 将文中所有错词"广院"替换为"光源";在标题段之前插入"奥斯汀"型封面;将标题段设置为"标题 1"样式并居中对齐;将三个节标题"光源产生途径""光源常见设备""光源技术指标"设置为"强调"样式,并将其文字格式修改为小三号、蓝色、黑体、加粗,段落格式修改为单倍行距、段前间距 1 行、段后间距 0.5 行。

(2) 设置页面纸张大小为"A4(21 厘米×29.7 厘米)";在页面底端插入"框中倾斜 1"样式页码,并设置起始页码为"5";将页面颜色的填充效果设置为"纹理"→"信纸";为页面添加内容为"科技知识"的文字水印,并设置水印内容的文字格式为 100 磅、红色、微软雅黑。

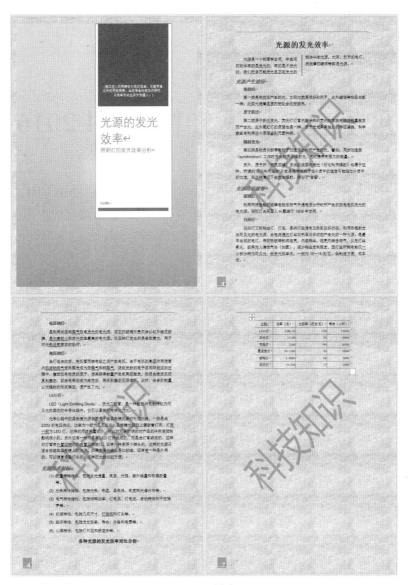

图 3-38 样张 3

(3) 将正文中除三个节标题之外的其他各段落中文设置为小四号、宋体,英文设置为小四号、Arial;段落格式设置为首行缩进 2 字符、1.25 倍行距、段前间距 0.5 行;将正文第一段分为等宽两栏,栏间加分隔线;为节标题"光源技术指标"下的 6 个段落添加"(1),(2),(3),…"样式的编号。

(4) 将文中最后 7 行文字转换成一个 7 行 4 列的表格;设置表格居中,表格第 1 行和第 1 列内容水平居中,其余单元格内容中部右对齐;设置表格行高为 0.7 厘米,第 1~4 列的列宽分别为 2 厘米、2.5 厘米、3.5 厘米、2.5 厘米,表格中所有单元格的左、右边距均为 0.1 厘米;用表格第 1 行设置"重复行";按"寿命(小时)"列依据"数字"类型降序排列表格内容。

(5) 设置表格外框线和第 1、2 行间的内框线为 1.5 磅、红色、单实线,其余内框线为 0.5 磅、红色、单实线;删除左右两侧的外框线;设置表格底纹颜色为"蓝色,个性色 5,淡色 80%"。

项目 4
电子表格处理软件 Excel 2016

Excel 2016 是 Microsoft Office 2016 办公系列软件之一。Excel 2016 的核心功能是电子表格处理,它还具有计算、数据排序、图表处理、数据分析等功能。概括起来主要有以下几个方面:

- 增强的 Ribbon 工具条。
- 增强的图表功能。
- 增强的网络功能。
- 并排比较工作簿。
- 改进的统计函数。
- 对 Web 的支持。

通过本项目的学习,能掌握电子表格数据的编辑、计算、排序、筛选、分析等技能。

任务 4.1 数据的输入与编辑

 学习目标

- 了解 Excel 的功能,能创建工作簿。
- 了解单元格、单元格地址的概念。
- 能根据需求在 Excel 中输入、编辑数据。

任务要求

请参照如图 4-1 所示的样张,结合班级本学期的授课情况,利用 Excel 制作一张班级授课表。

项目 4　电子表格处理软件 Excel 2016

	星期一	星期二	星期三	星期四	星期五
			课程表		
	班级：15计算机（1）			班主任：张明	
1	语文 王汉林	计算机应用基础 李欣燕	电工与电子技术 李海林	计算机应用基础 李欣燕	英语 王晓芳
2					
3	数学 王晓红	职业道德与法律 李娟	英语 王晓芳	数学 王晓红	语文 王汉林
4					
5	电工与电子技术 李海林	体育与健康 杜刚	美术 周峰	Flash动画 张杨平	班会
6					
7	课外活动	课外活动	课外活动	课外活动	
8					

图 4-1　课程表样张

操作要求：

① 文字格式设置统一。

② 对课程表进行美化修饰。

任务实施

一、Excel 2016 的启动与退出

1. Excel 2016 的启动

方法一：选择"开始"→"E"→"Excel 2016"，如图 4-2 所示。

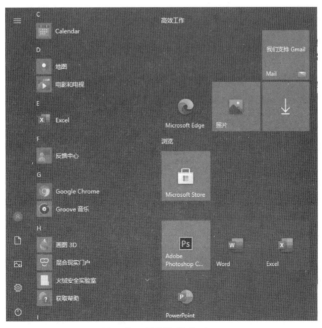

图 4-2　使用"开始"菜单启动 Excel 2016

方法二：双击桌面上的 Microsoft Excel 快捷方式 。

方法三：如果 Excel 是最近经常使用的应用程序之一，在 Windows 10 操作系统下，单击屏幕左下角的"开始"菜单按钮，Microsoft Excel 2016 会出现在"开始"菜单中的"高效工作"中，直接单击它即可，如图 4-2 所示。

使用以上三种方法，系统都会在启动 Excel 的同时，自动生成一个名为"工作簿1"的空白工作簿，如图 4-3 所示。

方法四：若已经存在用户创建的 Excel 文件，直接双击启动 Excel 应用程序，同时会打开该文件。

2. Excel 2016 的退出

方法一：单击 Excel 2016 窗口右上角的"关闭"按钮 ✕ 。

方法二：选择"文件"→"关闭"命令。

方法三：在 Excel 2016 窗口的左上角单击鼠标，选择"关闭"命令。

方法四：在 Excel 2016 窗口的左上角双击鼠标。

方法五：按组合键【Alt】+【F4】。

方法六：右击任务栏上的 Excel 2016 窗口的小图标，选择"关闭窗口"命令。

二、认识 Excel 窗口

启动 Excel 2016 后，系统会自动创建一个名为"工作簿1"的空白工作簿，一个工作簿中可有任意多张工作表，系统默认有一张工作表，以 Sheet1 表示，如图 4-3 所示。

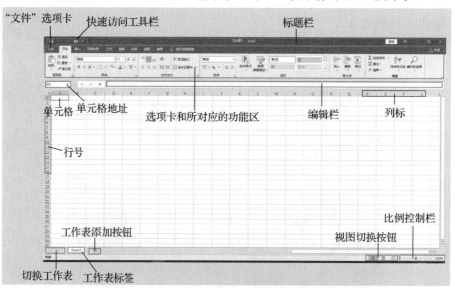

图 4-3　Excel 2016 窗口组成

Excel 工作簿的工作界面除了包含有与其他 Office 软件相同的界面功能元素（如"文件"选项卡、快速访问工具栏、标题栏、功能区、视图切换按钮等）之外，还有这个软件所具有的特定组件，如单元格地址、单元格、切换工作表、工作表标签和编辑栏等组件。

1. "文件"选项卡

"文件"选项卡位于界面的左上角,可实现工作簿的打开、保存、打印、新建和关闭等常用功能。

2. 快速访问工具栏

用户可以使用快速访问工具栏实现常用的功能,如保存、撤消、恢复、关闭等,可以通过"自定义快速访问工具栏"增减常用命令。

3. 标题栏

标题栏显示正在编辑的文档的文件名及文件类型,同时为用户提供了"最小化""最大化""关闭"三个常用按钮。

4. 选项卡和所对应的功能区

功能区将控件对象划分为多个选项卡,在选项卡中又将控件细化为不同的组。它与其他软件中的"菜单"或"工具栏"作用相同。

5. 切换工作表

若一个工作簿中包含有多张工作表,可以使用"切换工作表"按钮进行切换显示。

6. 工作表标签

工作表标签主要用于显示工作表的名称,单击所选中的工作表标签,将激活此工作表,使它变为当前工作表。

7. 行号和列标

行号和列标用来标识工作表中数据所在的位置,它们也是组成单元格地址的两个必需的部分。

8. 视图切换按钮

Excel 中主要有三种视图模式,分别为普通视图、页面布局视图和分页预览视图,用户可以根据需要更改当前正在编辑表格的显示模式,此时虽然表格的显示模式不同,但其内容是不变的。同时在 Excel 中,由于视图模式不同,其操作界面也会发生变化。下面分别对各种视图模式做简单介绍。

- 普通视图:它是 Excel 的默认视图,在该模式下仅可以对表格进行设计和编辑,而无法查看页边距、页眉和页脚等信息。
- 页面布局视图:这种模式除了可以对表格数据进行设计编辑外,还可以实时查看和修改页边距、页眉和页脚,同时显示水平和垂直标尺,以方便用户进行打印前的编辑。
- 分页预览视图:在这种模式下,Excel 会自动将表格分成多页,通过拖动界面右侧或者下方的滚动条,可查看各个页面中的数据内容,当然在这种模式下用户也可以对表格数据进行设计编辑。

打开视图模式的方法有两种,除了使用如图 4-3 所示的 Excel 工作界面中的视图切换按钮以外,还可以在"视图"选项卡的"工作簿视图"组中选择相应的命令按钮。

三、Excel 2016 的选项卡简介

和 Word 类似,Excel 工作界面不再使用传统的菜单操作方式,而是使用包含各种功能区的选项卡操作方式。因此,在 Excel 窗口上方看起来像菜单的名称其实是选项卡的名称,当单击这些名称时并不会打开菜单,而是切换到与之相对应的选项卡面板,即所谓的功能区。

选项卡数量会随着 Excel 的运行状况动态增加和减少,常用选项卡和功能区如下:

1. "文件"选项卡

在 Excel 2016 主界面的左上角,有一个绿色的"文件"选项卡,此选项卡中包含与文件有关的常用命令。除此之外,单击"最近",会列出最近曾经使用的文件及位置,以方便用户再次使用这些文件。

2. "开始"选项卡

"开始"选项卡包括 Excel 的基本操作功能,如"剪贴板""字体""对齐方式""数字""样式""单元格"等,如图 4-4 所示。

图 4-4 "开始"选项卡

需要注意的是,Excel 2016 启动后,默认打开的是"开始"选项卡,使用时,可以通过单击选择需要的选项卡。

3. "插入"选项卡

"插入"选项卡提供了"表格""插图""加载项""图表""演示""迷你图""筛选器""链接""文本""符号"十个组,如图 4-5 所示。

图 4-5 "插入"选项卡

4. "页面布局"选项卡

"页面布局"选项卡提供了"主题""页面设置""调整为合适大小""工作表选项""排列"五个组,如图 4-6 所示。

图 4-6 "页面布局"选项卡

5. "公式"选项卡

"公式"选项卡提供了"函数库""定义的名称""公式审核""计算"四个组,用于在 Excel 表格中进行各种数据计算,如图 4-7 所示。

图 4-7 "公式"选项卡

Excel 2016 库函数包含 13 类函数,这些函数涉及函数计算的各个方面。最常使用的函数有数据求和函数 SUM( )、求平均值函数 AVERAGE( )、求最大值函数 MAX( )、求最小值函数 MIN( )、计数函数 COUNT( )等,其他的还有条件函数 IF( )、条件计数函数 COUNTIF( )、数值排名函数 RANK( )、条件求和函数 SUMIF( )等。

6. "数据"选项卡

"数据"选项卡包括"获取外部数据""获取和转换""连接""排序和筛选""数据工具""预测""分级显示"七个组,使用这些功能可实现对数据的条件格式、排序、筛选、分类汇总及分析等操作,体现数据表中数据内在的联系或更深层次的含义,如图4-8所示。

图 4-8 "数据"选项卡

7. "审阅"选项卡

"审阅"选项卡包括"校对""辅助功能""见解""语言""批注""保护""墨迹"七个组,如图 4-9 所示。

图 4-9 "审阅"选项卡

8. "视图"选项卡

"视图"选项卡包括"工作簿视图""显示""缩放""窗口""宏"五个组,如图 4-10 所示。

图 4-10 "视图"选项卡

9. 隐藏与显示功能区

如果觉得功能区占用太大的版面位置,可以将功能区隐藏起来。功能区隐藏与显示的方法如图 4-11 所示。

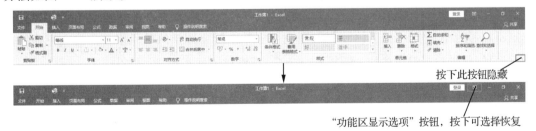

图 4-11 隐藏与显示功能区

说明:"功能区显示选项"按钮包括"自动隐藏功能区""显示选项卡""显示选项卡和命令"三个功能。

除了使用鼠标单击选项卡及不同组中的按钮外,也可以按下键盘上的【Alt】键,显示出各选项卡及按钮的快捷键提示信息。如图4-12所示,按下【Alt】键,显示出各选项卡的快捷键;再按下【H】键,则显示出"开始"选项卡下不同组中按钮的快捷键,如图4-13所示。按下相应字母或数字键,可以实现相应的功能。

图 4-12　显示选项卡的快捷键

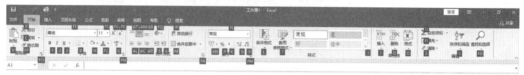

图 4-13　显示按钮的快捷键

需要注意的是,可以使用【Ctrl】+【F1】快捷键隐藏与显示选项卡。

10. 自定义功能区

功能区的各选项卡可由用户自定义,包括功能区中选项卡、组以及命令的添加、删除、重命名及次序调整等。操作的方法是:在功能区的空白处右击鼠标,在弹出的快捷菜单中选择"自定义功能区"命令,在打开的"Excel 选项"对话框中进行相关操作。

> **知识拓展**
>
> 工作簿由工作表组成,而工作表则由单元格组成。一个工作簿最多可有任意多张工作表,工作表是 Excel 用来存储和处理数据的最主要的表格,当前正在操作的工作表为活动工作表或称为当前工作表。在工作表中,列与行交叉处的方格叫作单元格,它是存放数据的基本单元,一个工作表有 16 384 × 1 048 576 个单元格。每个单元格都有其固定的地址,单元格地址也就是单元格在工作表中的位置,由"列标+行号"确定。例如,单元格 A1 表示该单元格位于第 A 列第 1 行。

四、编辑数据

按图 4-1 所示的课程表样张输入数据到工作表中,先选定想要输入数据的单元格,也可以选择相邻的或不相邻的单元格区域。当选定一个单元格后,它会被粗线框包围。如果要选定不相邻的单元格,可按住【Ctrl】键,利用鼠标单击所要选择的单元格。在输入正确的数据后,可以单击数据编辑栏的"确认"按钮 ✓ ,或者按下回车键,确认输入。

1. 强制换行

如图 4-14 所示,确定光标位置,按【Alt】+【Enter】组合键强制换行,再按【Enter】键或单击数据编辑栏的"确认"按钮确认。

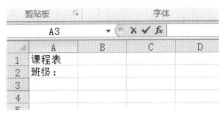

图 4-14 强制换行

2. 使用填充柄快速输入有序数据

利用 Excel 的自动填充功能可快速输入有序数据。所谓自动填充,是指通过鼠标拖动填充柄,在工作表上建立一个有序的增量值或固定值序列。如图 4-15 所示,当光标指向单元格右下角时,光标的形状会变成黑十字,此黑十字所在的点即为填充柄。按住鼠标左键并拖动填充柄通过要填充的单元格,然后松开鼠标,即可实现图 4-1 中星期一至星期五的自动填充。

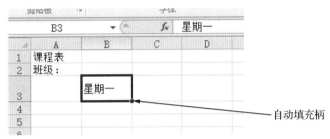

图 4-15 利用自动填充柄填充

通过自动填充柄,还可以实现文本、数字、日期等序列的自动填充和数据的复制,也可进行公式复制。

3. 单元格、行、列的插入与删除

(1) 插入单元格

选中单元格,单击"开始"选项卡的"单元格"组中的"插入"按钮,选择"插入单元格""插入工作表行""插入工作表列""插入工作表"命令,可进行相应的插入操作,如图 4-16 所示。若选择"插入单元格"命令,则弹出如图 4-17 所示的对话框。

图 4-16 "插入"选项

图 4-17 "插入"对话框

"插入"对话框中各项的意义如下:

- 活动单元格右移:在选定单元格左侧插入一个空白单元格,当前活动单元格右移一格,活动单元格指针位于新插入的单元格上。

- 活动单元格下移:在选定单元格上方插入一个空白单元格,当前活动单元格下移一格,活动单元格指针位于新插入的单元格上。
- 整行:在当前活动单元格所在行上面插入一空白行。
- 整列:在当前活动单元格所在列左侧插入一空白列。

(2) 删除单元格

选中单元格,单击"开始"选项卡的"单元格"组中的"删除"按钮,选择"删除单元格""删除工作表行""删除工作表列""删除工作表"命令,可进行相应的删除操作,如图4-18所示。若选择"删除单元格"命令,则弹出如图4-19所示的对话框。

图 4-18 "删除"选项

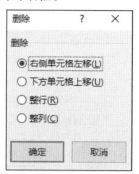

图 4-19 "删除"对话框

"删除"对话框中各项的意义如下:

- 右侧单元格左移:删除选定单元格后,该单元格右面的单元格自动向左移动一格填补空缺。
- 下方单元格上移:删除选定单元格后,该单元格下面的单元格自动向上移动一格填补空缺。
- 整行:选定单元格所在行,下面的行自动向上移动一行填补空缺。
- 整列:选定单元格所在列,右侧的列自动向左移动一列填补空缺。

知识拓展

删除单元格不同于清除单元格,清除只是从工作表中移去单元格中的内容、格式,单元格本身仍然留在工作表中;而删除单元格则是将选定单元格从工作表中删去,同时和它相邻的其他单元格会相应地调整位置,填补删除后的空缺。

4. 复制和移动单元格数据

单元格中的数据可以通过复制或移动操作,将它们复制或移动到同一张工作表的其他单元格、另一张工作表或其他工作簿中。

先选中要复制或移动的单元格区域,单击"开始"选项卡的"剪贴板"组中的"复制"或"剪切"按钮,然后选中要复制或移动到的目的单元格区域左上角的单元格,单击"开始"选项卡的"剪贴板"组中的"粘贴"按钮,就可将数据复制或移动到目标区域。

知识拓展

移动单元格数据的方法与复制单元格数据的方法类似,只是复制单元格数据后,在源单元格中数据仍然存在;而移动单元格数据后,源单元格则变成空白单元格。

五、表格的基本属性的处理

1. 设置文本的字体、字形、字号

选中目标单元格,单击"开始"选项卡的"字体"组右下角的对话框启动器按钮 ▣ ,弹出"设置单元格格式"对话框,如图4-20所示,选择"字体"选项卡,可设置文本的字体、字形、字号等。

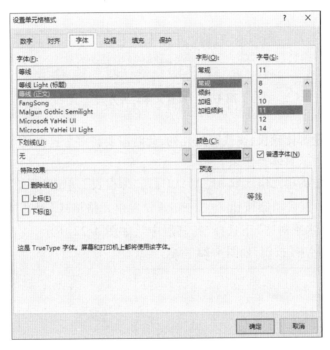

图4-20 "设置单元格格式"对话框

2. 设置对齐方式

将课程表除标题之外的数据设置为居中对齐。选定需要对齐的数据区域,单击"开始"选项卡的"对齐方式"组右下角的对话框启动器按钮 ▣ ,弹出"设置单元格格式"对话框,选择"对齐"选项卡,如图4-21所示,可设置相应的对齐方式。

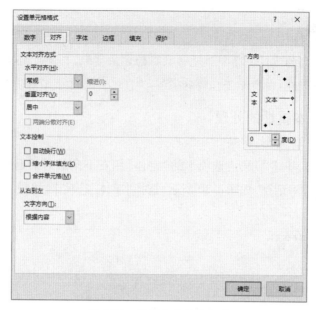

图 4-21　设置文本对齐方式

3. 合并及居中

一般表格的标题都比较长,往往跨过几列,此时需要将多个连续的单元格进行合并,作为一个单元格来处理。具体操作如下:

选定要跨列居中的单元格区域 A1:A6,如标题"课程表",单击"开始"选项卡的"对齐方式"组右下角的对话框启动器按钮　,弹出"设置单元格格式"对话框,在对话框中选择"对齐"选项卡,在"水平对齐"下选择"跨列居中",如图 4-22 所示,或者直接单击"对齐方式"组中的"合并后居中"按钮,如图 4-23 所示。

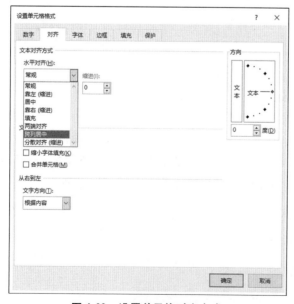

图 4-22　设置单元格对齐方式

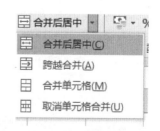

图 4-23　"合并后居中"下拉菜单

知识拓展

在用 Excel 制作表格的过程中，根据要求经常需要将一些单元格进行合并或者拆分。Excel 中合并单元格的选项包括"合并后居中""跨越合并""合并单元格"三种方式。操作步骤如下：

第一步：选中需要合并的单元格（按住【Ctrl】键的同时选中多个单元格区域）。

第二步：打开"开始"选项卡，在"对齐方式"组中单击"合并后居中"按钮右侧的下三角，出现如图 4-23 所示的下拉菜单，根据需求选择符合要求的选项即可。

需要注意的是，在合并方式中，选择"合并后居中"不仅合并单元格，而且使得其后输入的文本居中对齐；"跨越合并"则是以行为参照对象，无论选择了几行，只需每行所选择的单元格大于等于两个，合并后行的数量不变，每行中选中的单元格都会自动合并成为一个单元格；"合并单元格"就是单纯的合并操作，合并以后，单元格中的格式不会发生任何变化。

或在图 4-21 所示的"设置单元格格式"对话框中选中"合并单元格"复选框，然后在"文本对齐方式"中选择某一种对齐方式，便可完成对单元格的合并。

在 Excel 中只能对合并后的单元格进行拆分，拆分的方法是：先选中已合并的单元格，再单击图 4-23 所示下拉菜单中的"取消单元格合并"命令或取消选中图 4-21 中的"合并单元格"复选框。

4. 设置行高和列宽

设置行高和列宽的方法如下：

方法一：选中要调整的行或列，单击"开始"选项卡的"单元格"组中的"格式"按钮，在其下拉列表中选择"行高"或"列宽"命令，打开"行高"或"列宽"对话框，在其中输入行高或列宽值，单击"确定"按钮。

方法二：选中要调整的行或列，单击"开始"选项卡的"单元格"组中的"格式"按钮，在其下拉列表中选择"自动调整行高"或"自动调整列宽"命令，系统会自动调整到最佳行高或最佳列宽。

方法三：将光标移至两行或两列交界处，当光标变为 ↕ 或 ↔ 形状时拖动鼠标，可快速调整行高及列宽。

5. 设置单元格边框

在"设置单元格格式"对话框中选择"边框"选项卡，先选择外框线，单击"外边框"按钮，再选择内框线，单击"内部"按钮，如图 4-24 所示。

图 4-24　设置单元格边框

6. 设置单元格底纹

在"设置单元格格式"对话框中选择"填充"选项卡，设置单元格底纹，如图 4-25 所示。

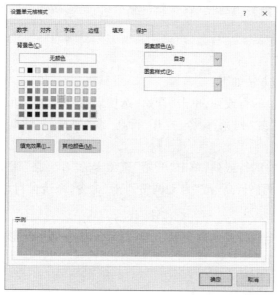

图 4-25　设置单元格底纹

六、保存工作簿

选择"文件"→"保存"命令，单击"浏览"选项，或者在键盘上按【Ctrl】+【S】组合键，屏幕上将会弹出如图 4-26 所示的"另存为"对话框，选择保存位置，并在"文件名"文本框中输入文件名后，单击"保存"按钮。

图 4-26　保存工作簿

打开"Excel 素材\任务巩固"文件夹下的"1.xlsx"文件,按下列要求编辑电子表格并保存。

(1) 将 Sheet1 工作表的 A1:F1 单元格区域合并为一个单元格,内容水平居中。
(2) 将 A2:F6 单元格区域的全部框线设置为双框样式,颜色为蓝色。
(3) 将 B6:F6 单元格区域的值设置为保留小数点后 2 位。
(4) 为 A6:F6 单元格区域添加黄色底纹。

任务 4.2　表格的操作界面管理

- 掌握工作表的管理方法。
- 掌握页面、页眉/页脚的设置方法。
- 掌握打印工作表的方法。

打开 Excel 2016,结合班级本学期的情况,利用 Excel 添加"授课表""座位表""作息时间表""值日表"等,如图 4-27 所示。

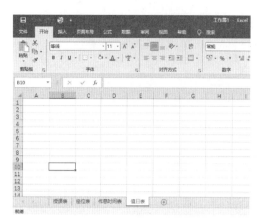

图 4-27　管理工作表样张

图 4-28　工作表选项卡

操作要求：

① 在同一个工作簿中建立各个工作表。

② 对课程表进行页面设置，居中打印输出表格到 A4 纸上。

一、管理工作表

1. 选择工作表

要编辑工作簿中某一张工作表时，只需要在工作表选项卡中单击 Excel 工作窗口底部的工作表选项卡，即可切换到该工作表，如图 4-28 所示。

> **知识拓展**
>
> 选中的工作表标签将以白底黑字显示，而未选中的工作表标签则以灰底黑字显示。若要选取相邻工作表组，可以先单击想要选取的第一张工作表的标签，再按住【Shift】键，然后用鼠标单击工作表组中最后一张工作表的标签，则需要的工作表将被选中。若要选取的工作表组在工作簿内的位置并不相邻，则在选取工作表组时，可以先单击想要选取的第一张工作表的标签，然后按住【Ctrl】键，单击其他想要选取的工作表标签，则需要的工作表将被选中。

2. 插入空白工作表

通常在一个新打开的工作簿中包含一张默认的工作表，如果需要还可以插入新的工作表。

方法一：选中当前工作表，选择"开始"选项卡的"单元格"组中的"插入"→"插入工作表"命令，如图 4-16 所示，新工作表会插入该工作表的前面。

方法二：右击当前工作表名称，弹出快捷菜单，选择"插入"命令，弹出如图 4-29 所示的"插入"对话框，选择"工作表"，单击"确定"按钮即可。

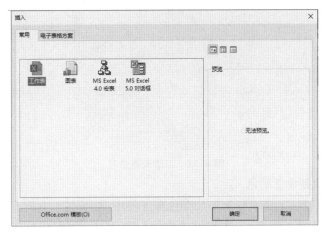

图 4-29 "插入"对话框

3. 删除工作表

方法一：选中当前工作表，选择"开始"选项卡的"单元格"组中的"删除"→"删除工作表"命令，如图 4-30 所示。

图 4-30 利用"删除"下拉列表中选项删除

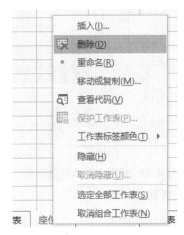

图 4-31 利用快捷菜单删除

方法二：右击当前工作表名称，弹出快捷菜单，选择"删除"命令，如图 4-31 所示，即可删除工作表。

4. 更改工作表的名字

一般 Excel 中的新工作表都是以"Sheet + 数字"来命名的，若要重新命名工作表，有如下两种方法：

方法一：只需双击要重命名的工作表标签，然后输入工作表名称并按【Enter】键即可，如图 4-32 所示。

方法二：右击当前工作表标签，弹出快捷菜单，选择"重命名"命令，输入新的工作表名称即可。

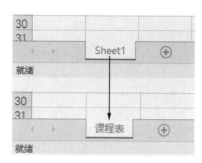

图 4-32　工作表重命名

5. 为工作表的标签设置颜色

Excel 还可以通过给工作表标签添加颜色来方便用户标识。

选中要添加颜色的工作表,右击当前工作表标签,弹出快捷菜单,选择"工作表标签颜色"命令,在其中选择喜欢的颜色,如图 4-33 所示。

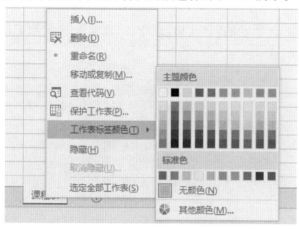

图 4-33　设置工作表标签颜色

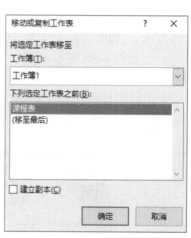

图 4-34　"移动或复制工作表"对话框

6. 移动或复制工作表

选取要移动或复制的工作表并右击,在快捷菜单中选择 移动或复制(M)... 命令,弹出"移动或复制工作表"对话框,如图 4-34 所示,在"下列选定工作表之前"列表框中选择源工作表要移动或复制到的位置。如果要复制工作表,还需要选中"建立副本"复选框。这一操作过程也可以将工作表移动或复制到其他工作簿中,移动或复制时需要打开对应的目的工作簿文件,然后在"工作簿"下拉列表中选择目的工作簿名称。

二、设置页面

选择"页面布局"选项卡的"页面设置"组右下角的对话框启动器按钮 ,弹出"页面设置"对话框,如图 4-35 所示,页面设置与 Word 文档相似。

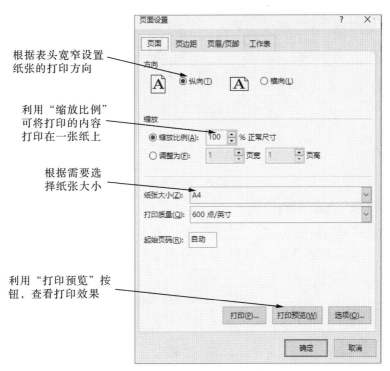

图 4-35 "页面设置"对话框

三、设置页眉/页脚

选择"视图"选项卡的"工作簿视图"组中的"页面布局"命令,在工作表区顶部单击"添加页眉"文字提示,可以直接输入页眉文字,在"开始"选项卡中设置文字格式。单击"页眉和页脚工具—设计"选项卡,可以插入页码、页脚、图片或当前时间等。除此之外,还可以设置"首页不同""奇偶页不同"等选项。

默认情况下,输入的页眉文字位于页面顶端居中位置。用户可以单击默认页眉位置的左、右两侧文本框,在页面顶端左侧或右侧插入页眉。在工作表中插入页脚的方法跟插入页眉的方法类似,如图 4-36、图 4-37 所示。

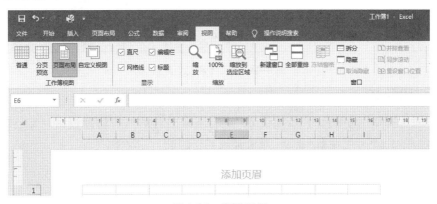

图 4-36 设置页眉

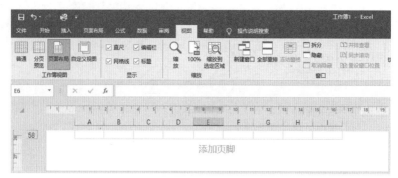

图 4-37　设置页脚

四、"工作表"选项卡的设定

在"页面设置"对话框中单击"工作表"选项卡,此时可以进行打印网格线、打印区域、打印标题、打印顺序等项目的设置,这是 Excel 独有的功能,如图 4-38 所示。

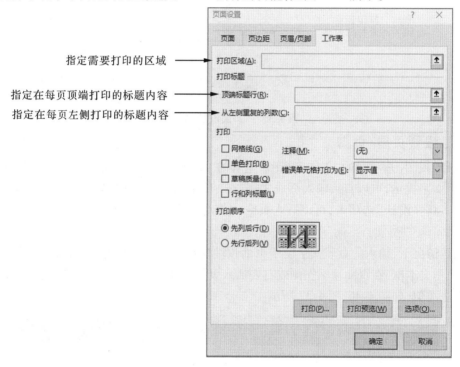

图 4-38　"工作表"选项卡

五、打印预览

单击"页面布局"选项卡的"页面设置"组右下角的对话框启动器按钮 ，弹出"页面设置"对话框,单击"打印预览"按钮,即可观察到实际的打印效果。

当打印预览效果符合要求时,可以通过"打印"命令将表格打印出来。

打开"Excel 素材\任务巩固"文件夹中的"2.xlsx"文件,按下列要求编辑电子表格并保存。

(1)将 Sheet1 工作表重命名为"某地区案例情况表"。
(2)删除 Sheet2 工作表。
(3)复制"某地区案例情况表"工作表至 Sheet3 后,并设置工作表标签颜色为红色。
(4)设置"某地区案例情况表"工作表的页眉和页脚,页眉为"某地区案例情况表",页脚为自定义页脚,左边为日期,右边为页码。

任务 4.3 基本计算处理

- 了解 Excel 中的数据类型。
- 了解 Excel 中的运算符号。
- 能利用 Excel 公式与函数对数据进行计算。

请根据"Excel 素材"文件夹中的"班级成绩统计表.xlsx"文件,按以下要求统计班级成绩情况。要求:
① 统计每个同学所有课程的总分。
② 计算全班各门课程的平均分、优秀人数(85 分及以上人数)、不及格人数(低于 60 分人数)、优秀率、合格率。
③ 将所有课程中不及格成绩用浅红填充色深红色文本显示。

一、设置数据类型

打开"Excel 素材"文件夹中的"班级成绩统计表.xlsx"文件,分析表中的原始数据,设置合适的数据类型。

在 Excel 中输入数字时,如果并没有特别定义数字的格式,Excel 将会把这些数字视为常规数字,使用通用格式显示。若要对单元格中的数据设置数字格式,可以先选择要设置数字格式的单元格,然后单击"开始"选项卡的"数字"组右下角的对话框启动器按钮,弹出"设置单元格格式"对话框,如图 4-39 所示,在其中可为需要计算的数据设

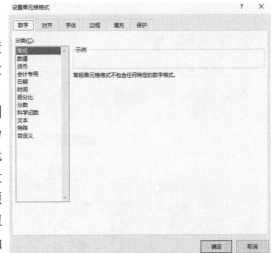

图 4-39 设置数据类型

置合适的数据类型。

二、在"班级成绩统计表"中完成成绩统计

1. 计算每个同学所有课程的总分

选取需求和的行右方的空白单元格,如图4-40所示,选择"公式"选项卡,单击"自动求和"按钮下方的向下箭头,选择"求和"命令,此时编辑区显示公式:= SUM(D3:G3),检查计算表达式无误后,按【Enter】键,或单击"输入"按钮,按此方法即可完成每个同学总分的计算。

图4-40 单元格自动求和

2. 计算全班各门课程的平均分

选取需求平均值的列下方的空白单元格,如图4-41所示,选择"公式"选项卡,单击"自动求和"按钮下方的向下箭头,选择"平均值"命令,此时编辑区显示公式:= AVERAGE(D3:320),检查计算表达式无误后,按【Enter】键,或单击"输入"按钮,按此方法即可完成各门课程平均分的计算。

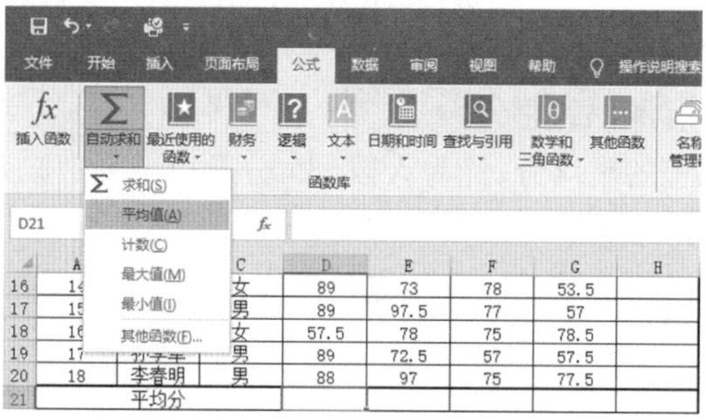

图4-41 单元格自动求平均值

知 识 拓 展

也可利用公式计算。选取需求和的行右方的空白单元格,在数据编辑区输入公式,或双击该单元格,在单元格中输入公式:= D3 + E3 + F3 + G3,如图4-42所示,检查计算表达式无误后,按【Enter】键,或单击"输入"按钮。

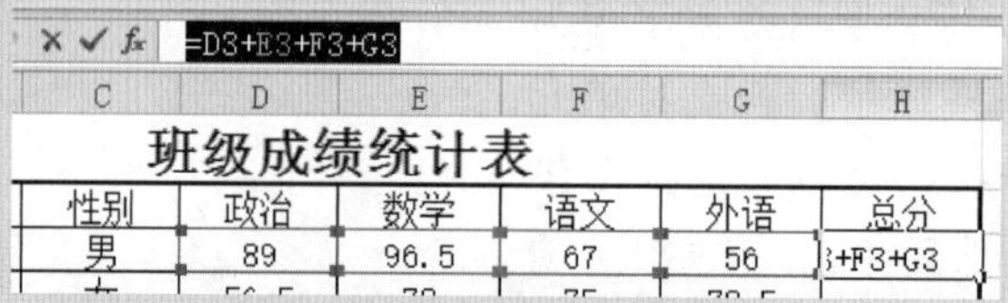

图4-42 利用公式求和

选取需求平均值的列下方的空白单元格,在数据编辑区输入公式,或双击该单元格,

在单元格中输入公式：=（D3+D4+D5+D6+D7+D8+D9+D10+D11+D12+D13+D14+D15+D16+D17+D18+D19+D20）/18，如图4-43所示，检查计算表达式无误后，按【Enter】键，或单击"输入"按钮。

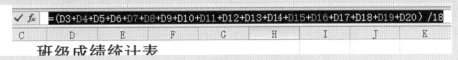

图4-43 利用公式求平均值

公式的一般形式为：=＜表达式＞。

表达式可以是算术表达式、关系表达式和字符串表达式，表达式可由运算符、常量、单元格地址、函数及括号等组成，但不能含有空格，公式中"＜表达式＞"前面必须有"="号。

3. 复制公式

为了完成快速计算，常常需要进行公式的复制。

复制公式的方法如下：

方法一：选中含有被复制公式的单元格，单击鼠标右键，在弹出的快捷菜单中选择"复制"命令，将鼠标移至目标单元格，单击鼠标右键，在弹出的快捷菜单中选择"粘贴"或"选择性粘贴"命令，即可完成公式的复制。

方法二：选中含有被复制公式的单元格，拖动该单元格的自动填充柄，可完成相邻单元格公式的复制。

4. 计算各门课程的优秀人数（85分及以上人数）、不及格人数（低于60分人数）

（1）使用COUNTIF函数计算指定区域内满足给定条件的单元格数目，计算各门课程的优秀人数（85分及以上人数）。

选择存放运算结果的单元格D24，单击"公式"选项卡的"函数库"组中的"插入函数"按钮，弹出"插入函数"对话框，双击列表框中的"COUNTIF"函数，打开"函数参数"对话框，按图4-44所示设置，检查计算表达式无误后，按【Enter】键，或单击"确定"按钮。

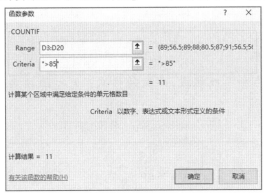

图4-44 计算优秀人数

（2）使用COUNTIF函数计算指定区域内满足给定条件的单元格数目，计算各门课程的不及格人数（低于60分人数）。

选择存放运算结果的单元格D25，单击"公式"选项卡的"函数库"组中的"插入函数"按钮，弹出"插入函数"对话框，双击列表框中的"COUNTIF"函数，打开"函数参数"对话框，按

图 4-45 所示设置,检查计算表达式无误后,按【Enter】键,或单击"确定"按钮。

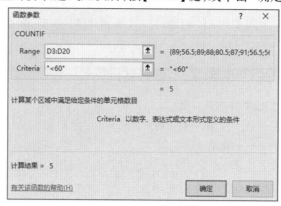

图 4-45　计算不及格人数

5. 计算各门课程的优秀率、合格率

(1) 利用函数嵌套计算各门课程的优秀率

选择存放运算结果的单元格 D26,在数据编辑区利用插入函数的方法插入公式,如图 4-46 所示,检查计算表达式无误后,按【Enter】键,或单击"输入"按钮。

图 4-46　利用函数嵌套求各门课程的优秀率

(2) 利用函数嵌套计算各门课程的合格率

选择存放运算结果的单元格 D27,在数据编辑区利用插入函数的方法插入公式,如图 4-47 所示,检查计算表达式无误后,按【Enter】键,或单击"输入"按钮。

图 4-47　利用函数嵌套求各门课程的合格率

知识拓展

1. 函数

函数一般由函数名和参数组成,函数的格式: = <函数名>(<参数 1>,<参数 2>,…),如图 4-48 所示。

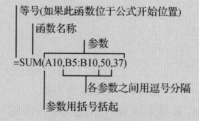

图 4-48　函数的格式

函数名可以大写也可以小写,当有两个或两个以上的参数时,参数之间要用逗号(或分号)隔开。

2. 函数的输入方法

- 直接输入法：在单元格或编辑栏中首先输入"="，再输入函数名和参数。

直接输入法的操作步骤如下：

第一步：选定要输入函数的单元格。

第二步：在编辑栏中输入"="，从函数下拉列表中选择所需函数，如图4-49所示。

第三步：在"函数参数"对话框中添加参数，如图4-50所示。

第四步：单击"确定"按钮，完成输入。

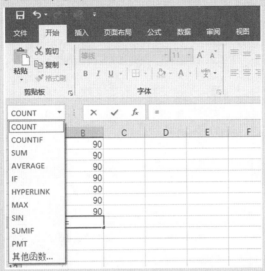

图4-49　在编辑栏中输入"="并从函数下拉列表中选择所需函数

图4-50　确认计算区域

- 粘贴函数法:用户可以用 Excel 提供的粘贴函数法来输入函数,引导用户正确地选择函数和参数。

粘贴函数法的操作步骤:单击"公式"选项卡的"函数库"组中的"插入函数"按钮 fx,弹出"插入函数"对话框,如图 4-51 所示,在其中可选择需要的函数。

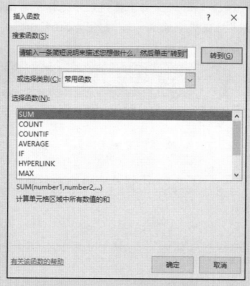

图 4-51 "插入函数"对话框

3. 常用函数

（1）SUM、SUMIF、AVERAGE、AVERAGEIF

- SUM——数据求和函数。选择存放运算结果的单元格,然后单击"公式"选项卡的"函数库"组中的"插入函数"按钮,弹出"插入函数"对话框,在列表框中双击"SUM"函数,如图 4-52 所示,检查计算表达式无误后,按【Enter】键,或单击"输入"按钮。

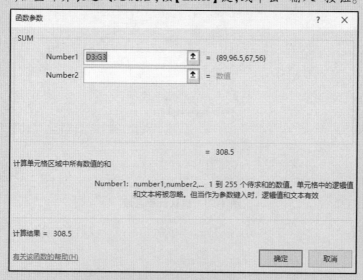

图 4-52 SUM 函数

- SUMIF——对指定区域中符合指定条件的值求和。选择存放运算结果的单元格，同样地，在列表框中双击"SUMIF"函数，如图 4-53 所示，检查计算表达式无误后，按【Enter】键，或单击"输入"按钮。

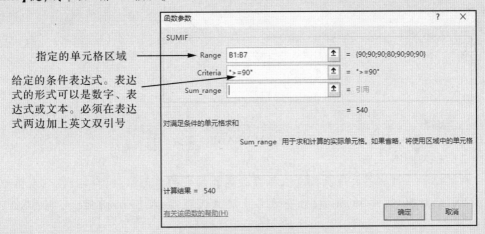

指定的单元格区域

给定的条件表达式。表达式的形式可以是数字、表达式或文本。必须在表达式两边加上英文双引号

图 4-53　SUMIF 函数

- AVERAGE——数据求平均值函数。选择存放运算结果的单元格，同样地，在列表框中双击"AVERAGE"函数，如图 4-54 所示，检查计算表达式无误后，按【Enter】键，或单击"输入"按钮。

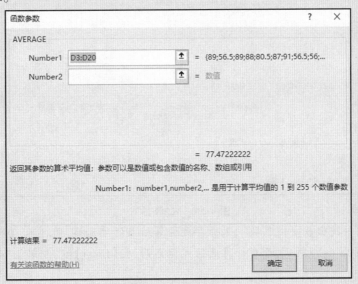

图 4-54　AVERAGE 函数

- AVERAGEIF——返回某个区域内满足给定条件的所有单元格的平均值（算术平均值）。如果条件中的单元格为空单元格，AVERAGEIF 就会将其视为 0 值。选择存放运算结果的单元格，然后单击"公式"选项卡的"函数库"组中的"插入函数"按钮，弹出"插入函数"对话框，在列表框中双击"AVERAGEIF"函数，如图 4-55 所示，设置相应参数，检查计算表达式无误后，按【Enter】键，或单击"输入"按钮。

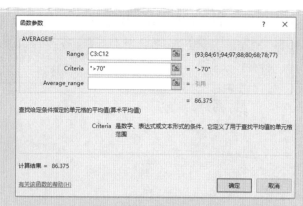

图 4-55　AVERAGEIF 函数

(2) MAX、MIN 函数

● MAX——找出最大值函数。选择存放运算结果的单元格,同样地,在列表框中双击"MAX"函数,如图 4-56 所示,检查计算表达式无误后,按【Enter】键,或单击"输入"按钮。

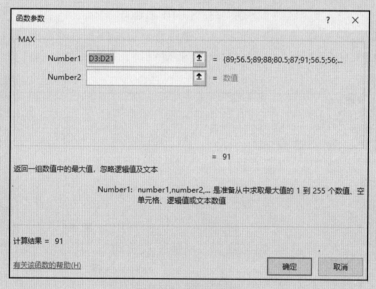

图 4-56　MAX 函数

● MIN——找出最小值函数。选择存放运算结果的单元格,同样地,在列表框中双击"MIN"函数,如图 4-57所示,检查计算表达式无误后,按【Enter】键,或单击"输入"按钮。

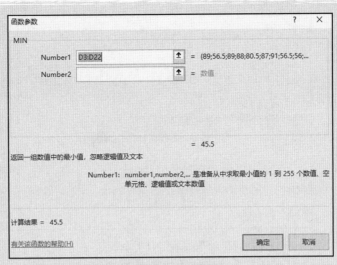

图 4-57　MIN 函数

(3) COUNT、COUNTIF、COUNRIFS

● COUNT——计算指定区域单元格数目的函数。选择存放运算结果的单元格,同样地,在列表框中双击"COUNT"函数,如图 4-58 所示,检查计算表达式无误后,按【Enter】键,或单击"输入"按钮。

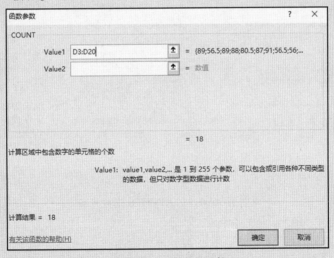

图 4-58　COUNT 函数

● COUNTIF——计算指定区域内满足给定条件的单元格数目的函数。选择存放运算结果的单元格,同样地,在列表框中双击"COUNTIF"函数,如图 4-59 所示,检查计算表达式无误后,按【Enter】键,或单击"输入"按钮。

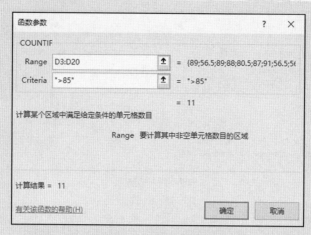

图 4-59　COUNTIF 函数

● COUNTIFS——用来计算多个区域中满足给定条件的单元格的个数,可以同时设定多个条件。该函数为 COUNTIF 函数的扩展。选择存放运算结果的单元格,同样地,在列表框中双击"COUNTIFS"函数,如图 4-60 所示,检查计算表达式无误后,按【Enter】键,或单击"输入"按钮。

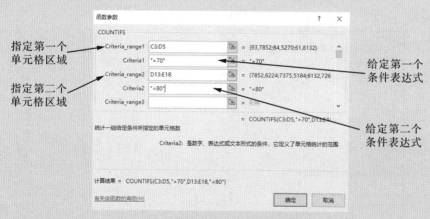

图 4-60　COUNTIFS 函数

(4) VLOOKUP、RANK.RQ 函数

● VLOOKUP——Excel 中的一个纵向查找匹配函数,在工作中有广泛应用,如可以用来核对数据,在多个表格之间快速导入数据等。其功能是按列查找,最终返回该列所需查询序列所对应的值,如图 4-61 所示。

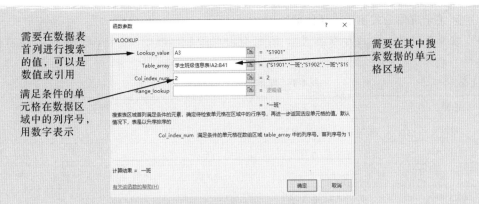

图 4-61 VLOOKUP 函数

- RANK.EQ——排名函数，Excel 中最常用来求某一个数值在某一区域内的排名，即返回一个数字在数字列表中的排位，如图 4-62 所示。

图 4-62 RANK.EQ 函数

4. 函数嵌套

函数嵌套是指一个函数可以作为另一个函数的参数使用，如图 4-63 所示，这里 SUM 函数作为 AVERAGE 函数的参数。

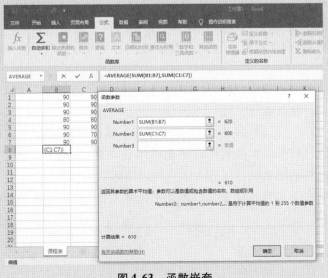

图 4-63 函数嵌套

5. 关于应用公式出现错误值的原因

在单元格中输入或编辑公式后，有时会出现诸如"####!"或"#VALUE!"的错误值，错误值一般以"#"开头。出现错误值的原因如表4-1所示。

表4-1 应用公式出现错误值的原因

错误值	错误值出现原因	举例说明
#####	宽度不够，加宽即可	
#DIV/0!	被除数为0	=5/0
#N/A	引用了无法使用的数值	HLOOKUP函数的第一个参数对应的单元格为空
#NAME?	不能识别的名字	=SUN(A1:A5)
#NULL!	交集为空	=SUM(A1:A3 B1:B3)
#NUM!	数据类型不正确	=SQRT(-4)
#REF!	引用无效单元格	引用的单元格被删除
#VALUE!	不正确的参数或运算符	=1+"a"

6. 单元格地址的引用

在复制公式时，单元格地址的正确使用十分重要。Excel中单元格的地址分为相对地址、绝对地址和混合地址三种。

(1) 相对地址

相对地址的形式为A4、D5等，表示在单元格中当含有该地址的公式被复制到目标单元格时，公式不是照搬原来单元格的内容，而是根据公式原来的位置和复制到的目标位置推算出公式中单元格地址相对原位置的变化，使用变化后的单元格地址的内容进行计算。

(2) 绝对地址

绝对地址的形式为A4、C5等，表示在单元格中当含有该地址的公式无论被复制到哪个单元格时，公式永远是照搬原来单元格的内容。

(3) 混合地址

混合地址的形式为$A5、D$3等，表示在单元格中当含有该地址的公式被复制到目标单元格时，相对部分会根据公式原来的位置和复制到的目标位置推算出公式中单元格地址相对原位置的变化，而绝对部分地址永远不变，之后，使用变化后的单元格地址的内容进行计算。

(4) 跨工作表的单元格地址引用

单元格地址的一般形式为：

[工作簿文件名]工作表名! 单元格地址

在引用当前工作簿中各工作表中的单元格地址时，"[工作簿文件名]"可以省略，引用当前工作表单元格的地址时，"工作表名!"可以省略。

用户可以引用当前工作簿中另一工作表中的单元格，也可以引用同一工作簿中多个工作表中的单元格。

三、设置条件格式

条件格式可以对含有数值或其他内容的单元格,或者含有公式的单元格应用某种条件来决定数值的显示格式。选中单元格区域,单击"开始"选项卡的"样式"组中的"条件格式"按钮,选择"突出显示单元格规则"→"小于"命令,打开"小于"对话框,按图4-64所示进行设置。

图4-64 设置条件格式

打开"Excel素材\任务巩固"文件夹中的"3.xlsx"文件,按下列要求编辑电子表格并保存。

(1) 将Sheet1工作表的A1:F1单元格区域合并为一个单元格,内容水平居中。

(2) 计算"预计销售额(元)",给出"提示信息"列的内容,如果库存数量低于预订数量,显示"缺货",否则显示"有库存"。

(3) 将单元格中的"标题1"样式应用于表格的标题,将"输出"样式应用于A2:F2单元格区域。

(4) 设置条件格式:将"提示信息"列内内容为"缺货"的文本颜色设置为红色。

任务4.4 数据的高效管理

- 了解数据清单的概念。
- 能使用IF函数的合并计算功能对数据进行统计。
- 能够对数据清单进行排序、筛选和分类汇总。

打开"Excel素材"文件夹中的"××店销售情况统计表.xlsx"文件,进行下述操作:

① 请利用Excel统计"××店销售情况统计表.xlsx"中"员工考勤表"中的缺勤扣款情况(请假5天及以内每天扣20元,超过5天每天扣300元)。

② 请利用 Excel 统计"××店销售情况统计表.xlsx"中两个分店 4 种型号的产品一月、二月、三月每月销售量总和。

③ 请利用 Excel 的排序、筛选、分类汇总等功能对任务 4.3 中完成的"班级成绩统计表.xlsx"中的数据进行统计分析,要求:

- 按所有课程总分从高到低进行排序。
- 分别筛选出满足以下条件的记录:数学成绩在 80~89 之间(包括 80 分和 89 分)的同学;政治成绩、语文成绩在 85 分及以上的女同学;数学成绩或外语成绩在 85 分及以上的同学。
- 汇总男、女生数学成绩的平均分。

一、使用 IF 函数统计"员工考勤表"中的缺勤扣款情况

打开文件"××店销售情况统计表.xlsx",分析"员工考勤表"中的缺勤情况,选择存放运算结果的单元格,单击"公式"选项卡的"插入函数"按钮,找到"IF"函数并双击,弹出 IF 函数参数对话框,在"Logical_test"文本框中输入"D3<=5",在"Value_if_true"文本框中输入"D3*20",在"Value_if_false"文本框中输入"300",单击"确定"按钮,如图 4-65 所示。

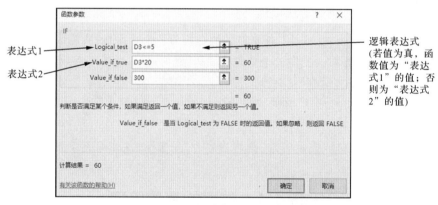

图 4-65　IF 函数参数对话框

二、利用数据合并功能计算两个分店每月销售量之和

利用数据合并功能,可以把来自不同源数据区域的数据进行汇总,并进行合并计算,不同源数据区域包括同一工作表中、同一工作簿的不同工作表中、不同工作簿中的数据区域。数据合并是通过建立合并表的方式来进行的,合并表可以建立在某源数据区域所在工作表中,也可以建立在同一个工作簿或不同的工作簿中。

选择"合计销售单"工作表,建立数据清单,数据清单字段名与源数据清单相同,如图 4-66 所示。

选定用于存放合并计算结果的单元格区域 B3:D6,

图 4-66　合并后的工作表的数据区域

单击“数据”选项卡的“数据工具”组中的“合并计算”按钮，弹出“合并计算”对话框，如图4-67所示，在“函数”下拉列表框中选择“求和”，在“引用位置”下拉按钮下选取“1分店销售单”的B3:D6单元格区域，单击“添加”按钮，再选取“2分店销售单”的B3:D6单元格区域，单击“添加”按钮，选中“创建指向源数据的链接”复选框（当源数据变化时，合并计算结果也随之变化），单击“确定”按钮，得出计算结果，如图4-68所示。

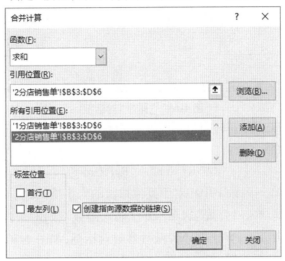

图4-67　“合并计算”对话框

合计销售数量统计表			
型号	一月	二月	三月
A001	191	160	181
A002	149	196	165
A003	142	156	167
A004	183	199	189

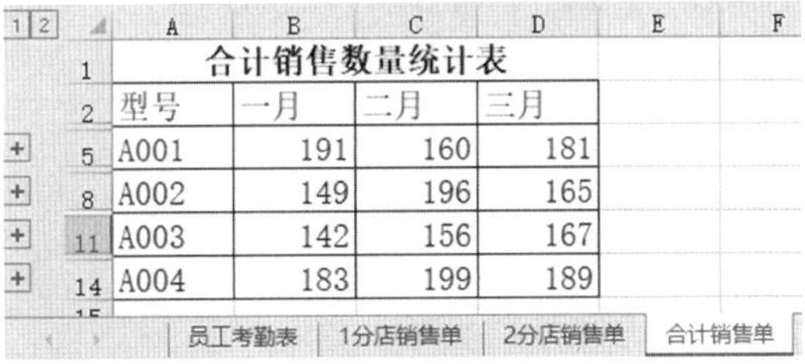

图4-68　合并计算后的工作表

三、对数据清单进行排序

打开“班级成绩统计表.xlsx”中的“成绩排序”工作表，对其数据清单进行排序。

方法一：选定数据清单区域，单击“数据”选项卡的“排序和筛选”组中的“排序”按钮，弹出“排序”对话框，如图4-69所示。在“主要关键字”中选择“总分”，即按主要关键字排序，若主要关键字相同，再按次要关键字排序。排序方式有升序和降序两种，无论是升序还是降序，空白单元格总是排在最后。这里选择“降序”，则总分按从高到低的顺序进行排序。

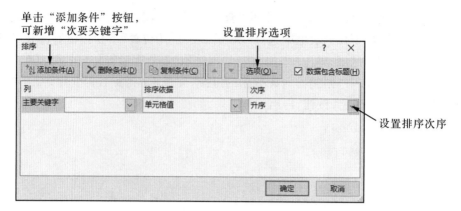

图 4-69 "排序"对话框

方法二:使用 RANK 函数排序可以不改变原始数据排序。

RANK 函数的语法格式为:

$$RANK(Number,Ref,Order)$$

功能:返回某数字在一列数字中相对于其他数值的大小排位。

选定数据清单区域,单击"公式"选项卡的"插入函数"按钮 fx,弹出"插入函数"对话框,选择"RANK"函数并双击,弹出 RANK 函数参数对话框,如图 4-70 所示。对其参数进行相应的设置后,单击"确定"按钮,弹出如图 4-71 所示的结果。需要注意的是,RANK 函数对重复数的排位相同,但重复数的存在将影响后续数值的排位。

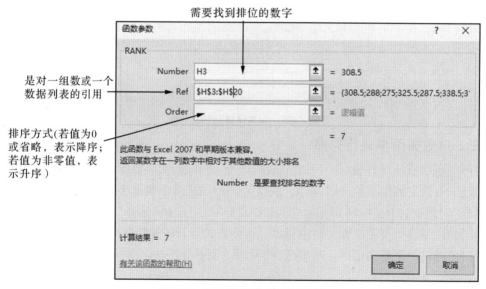

图 4-70 RANK 函数参数对话框

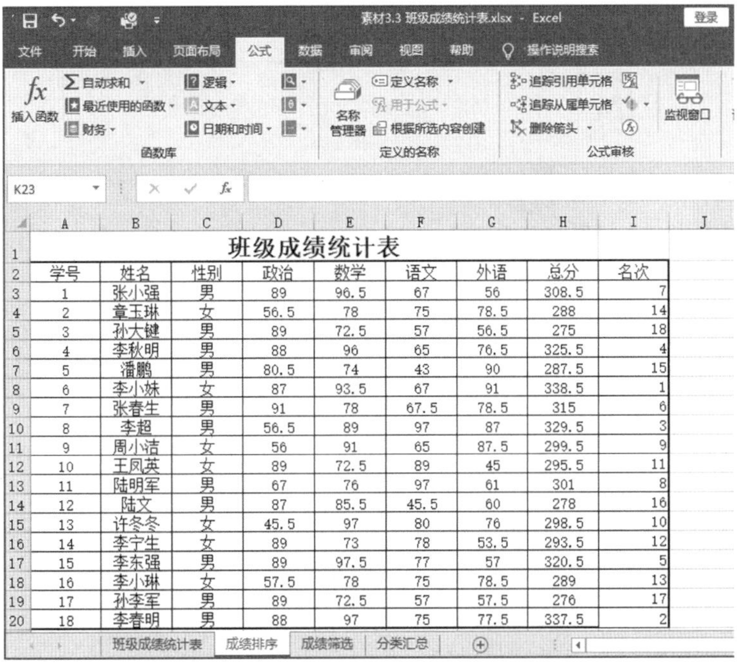

学号	姓名	性别	政治	数学	语文	外语	总分	名次
1	张小强	男	89	96.5	67	56	308.5	7
2	章玉琳	女	56.5	78	75	78.5	288	14
3	孙大键	男	89	72.5	57	56.5	275	18
4	李秋明	男	88	96	65	76.5	325.5	4
5	潘鹏	男	80.5	74	43	90	287.5	15
6	李小妹	女	87	93.5	67	91	338.5	1
7	张春生	男	91	78	67.5	78.5	315	6
8	李超	男	56.5	89	97	87	329.5	3
9	周小洁	女	56	91	65	87.5	299.5	9
10	王凤英	女	89	72.5	89	45	295.5	11
11	陆明军	男	67	76	97	61	301	8
12	陆文	男	87	85.5	45.5	60	278	16
13	许冬冬	女	45.5	97	80	76	298.5	10
14	李宁生	女	89	73	78	53.5	293.5	12
15	李东强	男	89	97.5	77	57	320.5	5
16	李小琳	女	57.5	78	75	78.5	289	13
17	孙李军	男	89	72.5	57	57.5	276	17
18	李春明	男	88	97	75	77.5	337.5	2

图 4-71　利用 RANK 函数排序的结果

四、数据筛选

数据筛选是在工作表的数据清单中快速查找具有特定条件的记录，筛选后数据清单中只包含符合筛选条件的记录，暂时隐藏不满足条件的记录，便于浏览。数据筛选有自动筛选和高级筛选两种方式。

1. 利用自动筛选功能筛选数学成绩在 80～89 分（包括 80 分和 89 分）之间的同学

选定数据清单区域，单击“数据”选项卡的“排序和筛选”组中的“筛选”按钮，此时，工作表中数据清单的列标题全部出现下拉按钮，单击下拉按钮，选择“数字筛选”，如图 4-72 所示，再选择“自定义筛选”，弹出“自定义自动筛选方式”对话框，如图 4-73 所示，在其中按照要求设置筛选条件后，单击“确定”按钮。

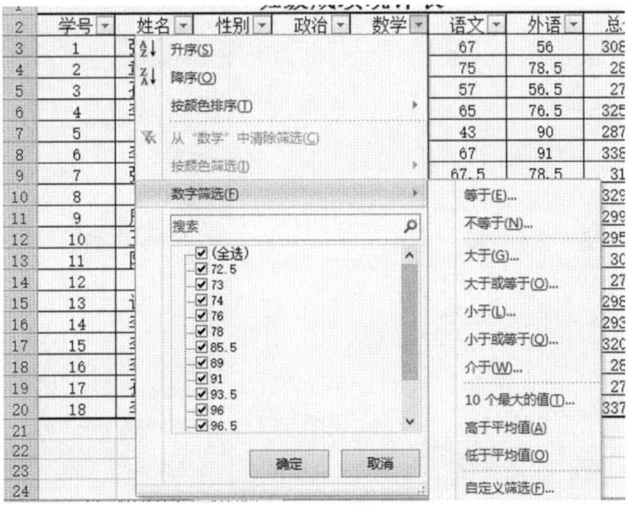

图 4-72　自动筛选

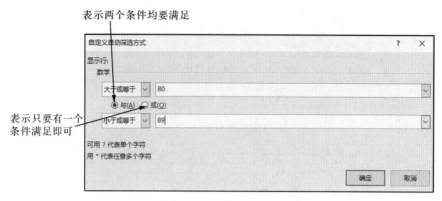

图 4-73 "自定义自动筛选方式"对话框

2. 利用高级筛选功能筛选政治、语文成绩在 85 分及以上的女同学和数学或外语成绩在 85 分及以上的同学

高级筛选主要用于多字段条件的筛选。使用高级筛选必须先建立一个条件区域,用来编辑筛选条件,条件区域与数据清单区域之间要用空白行或空白列隔开。

操作步骤如下:

第一步:建立条件区域,条件区域的第一行是所有作为筛选条件的字段名,这些字段名必须与数据清单中的字段名完全一样。在条件区域的其他行输入筛选条件,"与"关系的条件必须出现在同一行内,如图 4-74 所示;"或"关系的条件不能出现在同一行内,如图 4-75 所示。

学号	姓名	性别	政治	数学	语文	外语	总分	名次
		女	>=85		>=85			

图 4-74 筛选的条件必须同时满足

学号	姓名	性别	政治	数学	语文	外语	总分	名次
				>=85				
						>=85		

图 4-75 筛选的条件只要满足一个即可

第二步:选定数据清单区域,单击"数据"选项卡的"排序和筛选"组中的"高级"按钮,弹出"高级筛选"对话框,如图 4-76 所示,在其中进行相关设置后单击"确定"按钮。

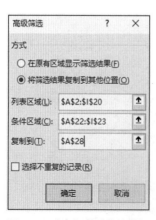

图 4-76 "高级筛选"对话框

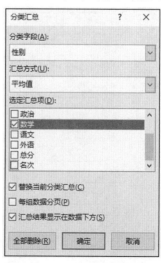

图 4-77 "分类汇总"对话框

五、利用分类汇总功能汇总男、女生数学成绩的平均分

分类汇总是对工作表中数据清单的内容进行分类,然后对同类记录的相关信息进行统计(包括求和、计数、求平均值、求最大值、求最小值等)。分类汇总只能对数据清单进行,数据清单的第一行必须有列标题。在进行分类汇总前,必须先对数据清单进行排序。

选定数据清单区域,先按分类字段"性别"进行排序,然后单击"数据"选项卡的"分级显示"组中的"分类汇总"按钮,弹出"分类汇总"对话框,如图4-77所示,在"分类字段"中选择"性别",在"汇总方式"中选择"平均值",在"选定汇总项"中选择"数学",单击"确定"按钮,显示分类汇总结果,如图4-78所示。

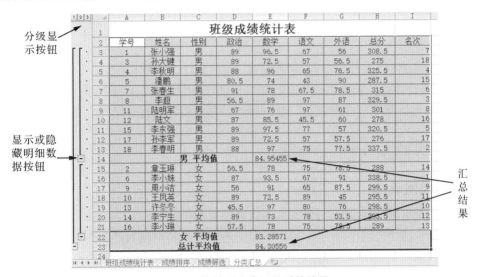

图 4-78 按性别分类汇总后的结果

打开"Excel素材\任务巩固"文件夹中的"4.xlsx"文件,按下列要求编辑电子表格并保存。

(1)将Sheet1工作表的A1:D1单元格区域合并为一个单元格,内容水平居中。

(2)利用条件格式将B3:B12单元格区域内数值大于3 000的字体颜色设置为绿色。

(3)计算销售额的总计和"所占比例"列的内容(百分比型,保留小数点后两位)。

(4)按销售额的递减次序计算"销售额排名"列的内容(利用RANK函数)。

(5)对工作表"人力资源情况表"内数据清单的内容按主要关键字"年龄"的递减次序和次要关键字"部门"的递增次序进行排序。

(6)对排序后的数据进行自动筛选,条件为"性别为女,学历为硕士",工作表名保持不变。

(7)对工作表"计算机动画技术成绩单"内数据清单的内容进行高级筛选,条件为"系别为'信息'或考试成绩大于80分的所有记录",工作表名不变。

(8)对工作表"员工工资表"内数据清单的内容按主要关键字"学历"的递增次序进行排序,对排序后的结果进行分类汇总,分类的字段为"学历",汇总方式为"计数",汇总项为"学历",汇总结果显示在数据下方,工作表名不变。

任务 4.5　数据的图表展示

学习目标

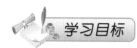

- 会根据不同的数据来源,建立合适的图表类型,编辑出符合要求的图表。
- 能结合相关材料,利用图表对统计数据进行分析及客观评价。

任务要求

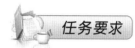

打开“Excel 素材”文件夹中的“销售情况. xlsx”文件,在“销售明细”工作表中,根据三季度的“城市”“销售数量”数据生成一张簇状柱形图,嵌入当前工作表中,图表上方标题为“三季度各城市销售数量图”,无图例,显示数据标签,并放置在数据点结尾之外。

任务实施

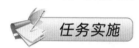

一、创建图表

图表泛指在屏幕中显示的,可直观展示统计信息属性(时间性、数量性等),对知识挖掘和信息直观生动表达起关键作用的图形结构,是一种很好地将对象属性数据直观、形象地“可视化”的手段。Excel 中常用的图表类型有条形图、柱状图、折线图、饼图、散点图、面积图、圆环图、曲面图、圆锥图和股价图等。在 Excel 中通常利用“图表向导”建立图表,操作步骤如下:

第一步:选定需要绘制图表的数据源区域,如图 4-79 所示。

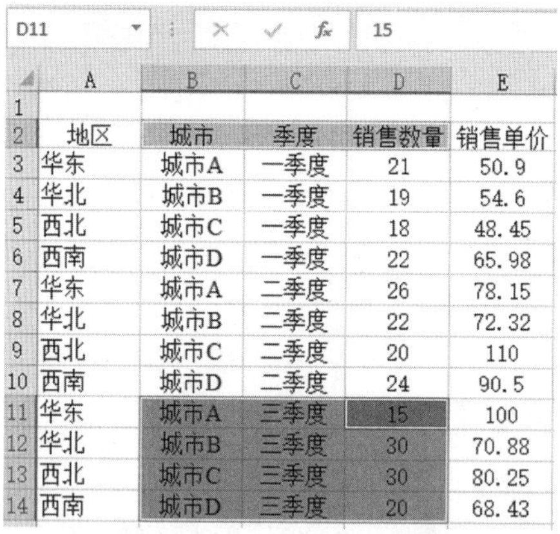

	A	B	C	D	E
1					
2	地区	城市	季度	销售数量	销售单价
3	华东	城市A	一季度	21	50.9
4	华北	城市B	一季度	19	54.6
5	西北	城市C	一季度	18	48.45
6	西南	城市D	一季度	22	65.98
7	华东	城市A	二季度	26	78.15
8	华北	城市B	二季度	22	72.32
9	西北	城市C	二季度	20	110
10	西南	城市D	二季度	24	90.5
11	华东	城市A	三季度	15	100
12	华北	城市B	三季度	30	70.88
13	西北	城市C	三季度	30	80.25
14	西南	城市D	三季度	20	68.43

图 4-79　选定图表的数据源区域

第二步:单击“插入”选项卡的“图表”组右下角的对话框启动器按钮 ,弹出“插入图表”对话框,如图 4-80 所示,选择图表类型“柱形图”,再选择图表子类型“簇状柱形图”,单击“确定”按钮。

第三步:使用“图表布局”组添加“图表标题”“数据标签”“图例”等图表元素,如图 4-81 所示。

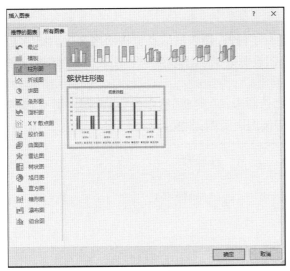

图 4-80 "插入图表"对话框

图 4-81 图表工具

第四步：单击图表，单击"图表工具—设计"选项卡的"位置"组中的"移动图表"按钮，弹出"移动图表"对话框，根据需要选择图表位置，如图 4-82 所示，单击"确定"按钮即可。

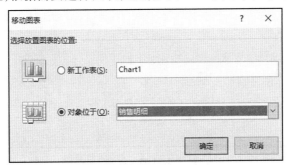

图 4-82 "移动图表"对话框

第五步：根据需要检查图表构成。一个图表主要由图表标题、坐标轴与坐标轴标题、图例、绘图区、数据系列、网格线等构成，如图 4-83 所示。

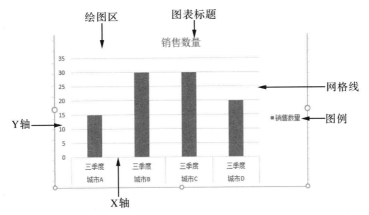

图 4-83 图表组成

二、编辑和修改图表

图表创建完成后,如果对工作表进行了修改,图表的信息也将随之变化。如果工作表没有变化,也可以对图表的"图表类型""图表源数据""图表选项""图表位置"等进行修改。

1. 修改图表类型

单击图表,单击"图表工具—设计"选项卡的"类型"组中的"更改图表类型"按钮,弹出"更改图表类型"对话框,根据需要可修改图表类型,如图4-84所示。

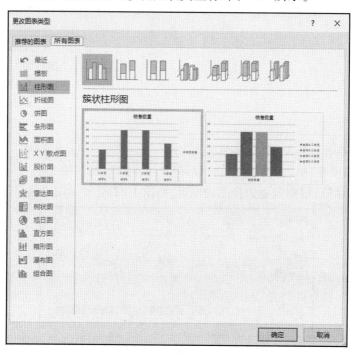

图4-84 "更改图表类型"对话框

2. 修改图表源数据

单击图表,单击"图表工具—设计"选项卡的"数据"组中的"选择数据"按钮,弹出"选择数据源"对话框,根据需要可重新选择数据区域,如图4-85所示。

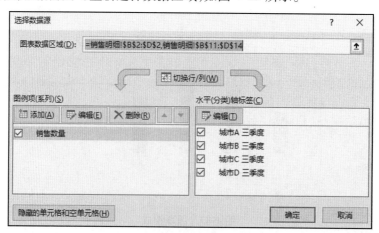

图4-85 "选择数据源"对话框

利用"图表工具—设计"选项卡和"图表工具—格式"选项卡下的命令,可以对图表进行修饰,包括设置图表颜色、图表样式、图表类型和图表位置等,还可以对图表中的图表区、绘图区、坐标轴等进行设置,如图4-86所示。

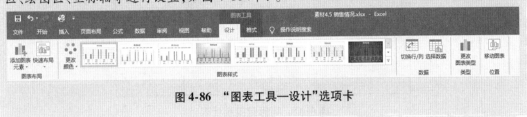

图4-86 "图表工具—设计"选项卡

打开"Excel素材\任务巩固"文件夹中的"4.xlsx"文件,按下列要求编辑电子表格并保存。

(1)将Sheet1工作表的A2:D13单元格区域格式设置为自动套用格式"表样式浅色2"。

(2)在Sheet1工作表中,选取"分公司代号""所占比例"列数据区域,建立"分离型三维饼图"(系列产生在列),将标题设置为"销售统计图",图例位置靠左,数据系列格式数据标志为显示百分比,将图插入表的A15:D26单元格区域内,将图表区颜色设置为浅绿色。

(3)将工作表重命名为"销售统计表"。

(4)根据"原油比重"工作表中相关数据,生成一张反映2000年到2006年原油比重的"簇状柱形图",嵌入当前工作表中,要求"系列产生在列",分类(X)轴标志为年份数据,图表标题为"原油占能源总量的比重",图例显示在底部,将图插入表的A20:F35单元格区域内。

任务4.6 数据透视表的建立

- 能根据任务需求创建、编辑数据透视表。
- 能利用数据透视表和数据透视图的交互性对数据进行分析。

打开"Excel素材"文件夹中的"销售数量.xlsx"文件,如图4-87所示,请对该数据清单进行分析,要求建立数据透视表,显示各型号产品销售量的和、总销售额的和及汇总信息。

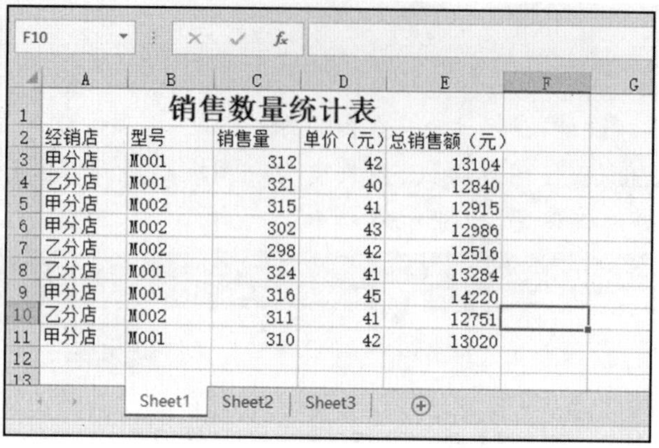

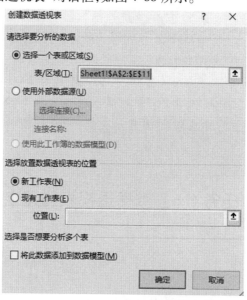

	A	B	C	D	E	F	G
1	销售数量统计表						
2	经销店	型号	销售量	单价（元）	总销售额（元）		
3	甲分店	M001	312	42	13104		
4	乙分店	M001	321	40	12840		
5	甲分店	M002	315	41	12915		
6	甲分店	M002	302	43	12986		
7	乙分店	M002	298	42	12516		
8	乙分店	M001	324	41	13284		
9	甲分店	M001	316	45	14220		
10	乙分店	M002	311	41	12751		
11	甲分店	M001	310	42	13020		

图 4-87 销售数量统计表

任务实施

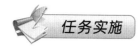

一、插入数据透视表

操作步骤如下：

第一步：单击数据清单中的任一单元格，单击“插入”选项卡的“表格”组中的“数据透视表”按钮，弹出“创建数据透视表”对话框，如图 4-88 所示。

图 4-88 “创建数据透视表”对话框

第二步：在弹出的“创建数据透视表”对话框中，选择要建立数据透视表的数据源区域及放置数据透视表的位置，单击“确定”按钮后，Excel 会将空的数据透视表添加至指定位置并显示数据透视表字段列表，如图 4-89 所示。

第三步：根据需要确定数据透视表的内容。

如图 4-90 所示，在“选择要添加到报表的字段”中右击相应的字段名称，然后选择“添加到报表筛选”“添加到列标签”“添加到行标签”“添加到数值”，就可完成向数据透视表中添加字段的操作。

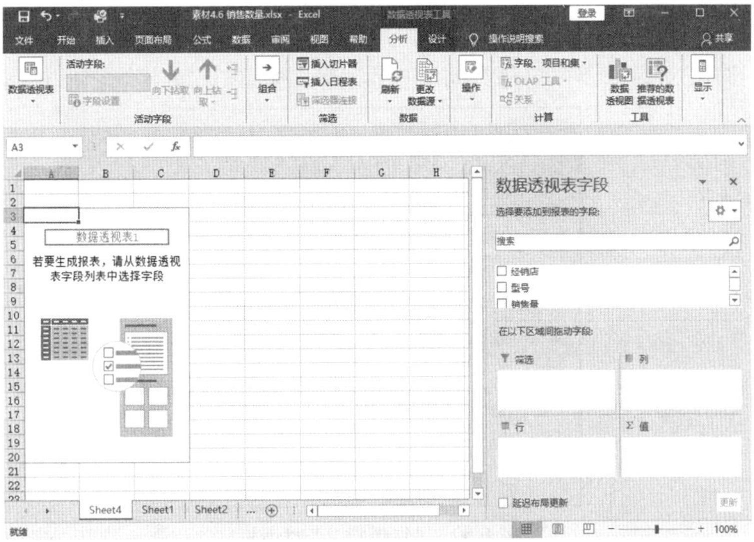

图 4-89 空数据透视表

第四步：更改数据透视表布局。

根据需要使用"数据透视表字段"任务窗格重新排列字段，方法是：在"在以下区域间拖动字段"中单击相应字段，然后在弹出的列表框中选择要移动的区域，或者在其中的区域间拖动字段，如图 4-91 所示。

图 4-90 向数据透视表中添加字段

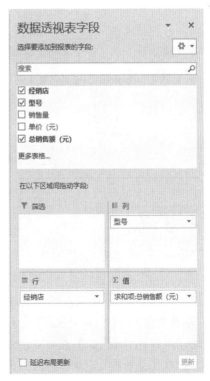

图 4-91 更改数据透视表布局

二、字段排序

单击数据透视表中的任一单元格,单击"数据"选项卡的"排序和筛选"组中的"排序"按钮,弹出"按值排序"对话框,对"排序方向"进行设置,最后单击"确定"按钮,如图4-92所示。

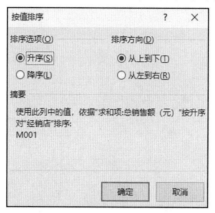

图4-92 "按值排序"对话框

知识拓展

数据透视表是一种对大量数据快速汇总和建立交叉列表的交互式报表。它的筛选功能使其具有很强的数据分析能力,通过转换行或列可以查看源数据的不同汇总结果,并且可以显示不同的页面来筛选数据,还可以根据需要显示区域中的明细数据。

建立好的数据透视表,通过单击其行标题和列标题的下拉选项,可以进一步选择在数据透视表中显示的数据,还可以修改和添加数据透视表的数据,如图4-93所示。

图4-93 数据透视表

打开"Excel 素材\任务巩固"文件夹中的"6.xlsx"文件,按下列要求编辑电子表格并保存。

(1) 在工作表"成绩统计表"的B1单元格中输入标题"成绩统计表",并设置其在B1至H1范围内跨列居中,文字格式为黑体、加粗、16号。

(2) 适当调整"成绩统计表"工作表C列的宽度,以显示学号的全部。

(3) 将"成绩统计表"工作表的单元格区域B2:G2的单元格底纹颜色设置为天蓝色。

(4) 在"成绩分析表"工作表中用公式(直接填入的无效)算出各科的最低分、最高分和平均成绩。各科的单科成绩在"单科成绩表"工作表中。

(5) 统计"教职工工资表"工作表不同职称教职工工资和奖金的平均值(职称按升序排

列,汇总结果显示在数据的下方)。

(6) 在"儿童年平均支出"工作表 C 列中,利用公式计算各支出占总支出的比例,分母要求使用绝对地址,显示格式为带 3 位小数的百分比样式。

项 目 实 战

1. 打开"Excel 素材\项目实战"文件夹中的 ex1.xlsx 文件,参考图 4-94,按下列要求进行操作(除题目要求外,不得增加、删除、移动工作表中的内容)。

(1) 将 Sheet1 工作表改名为"统计"。

(2) 在"统计"工作表的 A1 单元格中,输入标题"经常运动人数统计表",设置其格式为隶书、加粗、22 号,并设置其在 A 至 C 列合并后居中。

(3) 在"统计"工作表 C 列中,基于"运动开展情况"工作表数据,利用公式分别统计各学校经常运动人数(经常运动人数为各运动项目经常运动人数之和)。

(4) 在"统计"工作表中,设置 A2:C9 单元格区域为水平居中格式。

(5) 在"统计"工作表中,设置表格区域 A2:C9 内框线为最细单线,外框线为双线、蓝色。

(6) 在"筛选"工作表中,设置 C2:C34 单元格区域数据左对齐。

(7) 在"筛选"工作表中,利用自动筛选功能筛选出运动项目为足球的记录。

(8) 根据"筛选"工作表中的筛选数据,生成一张反映各学校经常进行足球运动的人数的"簇状柱形图",嵌入"筛选"工作表中,图表上方标题为"各校经常进行足球运动的人数统计",无图例,显示数据标签。

(9) 保存工作簿"ex1.xlsx"。

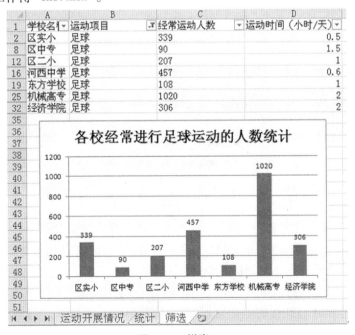

图 4-94　样张 1

2. 打开"Excel 素材\项目实战"文件夹中的 ex2.xlsx 文件,参考图 4-95,按下列要求进行操作(除题目要求外,不得增加、删除、移动工作表中的内容)。

(1) 在"财政支出"工作表的 A1 单元格中,输入标题"中央和地方财政支出",设置其格式为楷体、加粗、20 号,并设置其在 A 至 D 列范围合并后居中。

(2) 在"财政支出"工作表的 B3 单元格中,输入"财政总支出",在 B4 到 B23 中用公式分别计算历年财政总支出(财政总支出 = 中央 + 地方)。

(3) 在"比重"工作表的 B4 到 C23 单元格中,引用"财政支出"工作表中的数据,用公式分别计算历年中央和地方财政支出分别占当年财政总支出的比重(比重 = 当年中央或地方财政支出/当年财政总支出)。

(4) 在"比重"工作表中,设置单元格区域 B4:C23 为百分比格式,2 位小数位。

(5) 在"比重"工作表中,根据中央 2005—2009 年的比重数据生成一张簇状柱形图,嵌入当前工作表中,水平(分类)轴标签为年份数据,图表上方标题为"中央财政支出比重图",无图例,显示数据标签。

(6) 保存工作簿"ex2.xlsx"。

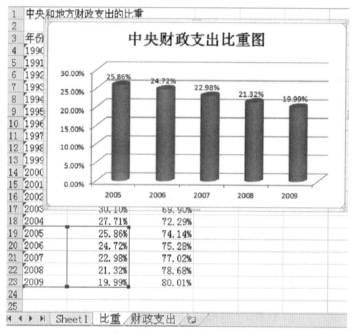

图 4-95 样张 2

3. 打开"Excel 素材\项目实战"文件夹中的 ex3.xlsx 文件,参考图 4-96,按下列要求进行操作(除题目要求外,不得增加、删除、移动工作表中的内容)。

(1) 将 Sheet1 工作表改名为"成绩",并将其中所有数值数据设置为居中。

(2) 在"成绩"工作表的 A1 单元格中,输入标题"学生成绩表",设置其格式为楷体、加粗、20 号、红色,并设置其在 A 至 H 列范围合并后居中。

(3) 在"成绩"工作表的 H2 单元格中,输入"综合均分",在 H3 到 H36 单元格中用公式分别计算各位学生的 4 门课程的综合均分(综合均分为语言学纲要、文学概论、古代汉语、现代汉语 4 门课分数的平均分)。

(4) 在"成绩"工作表中,设置 H3:H36 单元格为整数格式,居中显示。

(5) 在"成绩"工作表中,设置单元格区域 A2:H36 的外框线为最粗单线,内框线为最细单线。

(6) 在"成绩"工作表中,利用自动筛选功能筛选出"古典文献"专业的全部记录。

(7) 在"成绩"工作表中,根据筛选出的"姓名""综合均分"数据,生成一张反映古典文献专业学生综合均分的"簇状柱形图",嵌入当前工作表中,图表上方标题为"古典文献专业学生综合均分",显示数据标签,无图例。

(8) 删除 Sheet2 工作表。

(9) 保存工作簿"ex3.xlsx"。

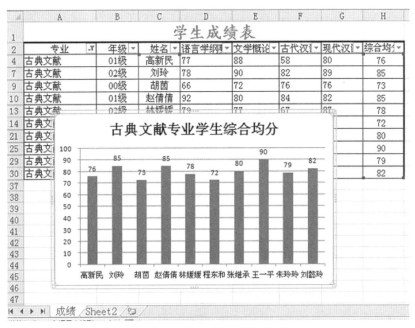

图 4-96　样张 3

4. 打开"Excel 素材\项目实战"文件夹中的 ex4.xlsx 文件,参考图 4-97,按下列要求进行操作(除题目要求外,不得增加、删除、移动工作表中的内容)。

(1) 将 Sheet1 工作表改名为"学生营养状况",并将其中"年级"列设置为居中。

(2) 在"学生营养状况"工作表的 A1 单元格中,输入标题"部分学生营养状况",设置其格式为黑体、加粗、18 号,并设置其在 A 至 H 列范围合并后居中。

(3) 将 Sheet3 工作表中的"超重人数""肥胖人数"数据复制到"学生营养状况"工作表的相应单元格中。

(4) 在"学生营养状况"工作表的 H2 单元格中,输入"营养不良人数所占比例",在 H3 到 H8 中用公式分别计算各年级营养不良人数所占比例[营养不良人数所占比例 =(轻度不良人数 + 中度不良人数 + 重度不良人数)/体检人数]。

(5) 在"学生营养状况"工作表中,设置 H3:H8 单元格区域为百分比格式,2 位小数位。

(6) 在"学生营养状况"工作表中,设置 A2:H8 单元格区域内框线为最细单线、蓝色,外框线为最粗单线、红色。

(7) 在"学生营养状况"工作表中,根据"年级""营养不良人数所占比例"两列数据生成一张簇状柱形图,嵌入当前工作表中,图表上方标题为"各年级营养不良人数所占比例",显示数据标签,无图例。

(8) 删除 Sheet3 工作表。

(9) 保存工作簿"ex4.xlsx"。

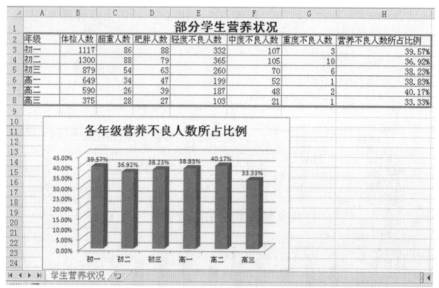

图 4-97　样张 4

5. 打开"Excel 素材\项目实战"文件夹中的 ex5.xlsx 文件,参考图 4-98,按下列要求进行操作(除题目要求外,不得增加、删除、移动工作表中的内容)。

(1) 在"代表人数"工作表的 A1 单元格中,输入标题"历届全国人大代表人数",设置其格式为隶书、加粗、20 号,并设置其在 A 至 C 列合并后居中。

(2) 在"女代表"工作表的 E4 到 E14 单元格中,引用"代表人数"工作表中的数据,用公式分别计算历届女代表人数占代表总数比重(占代表总数比重 = 女代表/代表总数)。

(3) 设置"女代表"工作表中的 E4:E14 单元格区域为百分比格式,1 位小数位。

(4) 在"女代表"工作表中,设置 B3:E14 单元格区域为水平居中格式。

(5) 在"女代表"工作表中,设置 B3:E14 单元格区域内框线为最细单线,外框线为最粗线、蓝色。

(6) 在"女代表"工作表中,根据"届别""占代表总数比重"两列数据生成一张簇状柱形图,嵌入当前工作表中,图表上方标题为"历届全国人大女代表人数占比",无图例,显示数据标签。

(7) 将 Sheet1 工作表改名为"少数民族代表"。

(8) 在"少数民族代表"工作表中按"少数民族代表"进行升序排序。

(9) 保存工作簿"ex5.xlsx"。

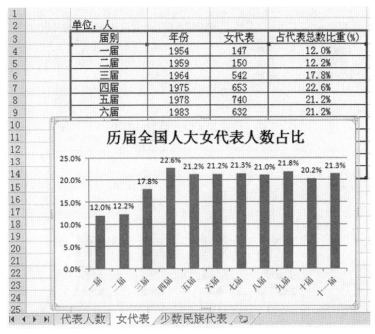

图 4-98　样张 5

6. 打开"Excel 素材\项目实战"文件夹中的 ex6.xlsx 文件,参考图 4-99,按下列要求进行操作(除题目要求外,不得增加、删除、移动工作表中的内容)。

（1）删除 Sheet1 工作表。

（2）在"积分榜"工作表的 A1 单元格中,输入标题"2013—2014 年赛季英超积分榜",并设置其在 A 至 H 列合并后居中,格式为黑体、加粗、20 号。

（3）在"积分榜"工作表的 H 列中,利用公式分别计算各个球队的积分(积分 = 胜场得分 + 平局得分,胜一场积 3 分,平一场积 1 分,负一场积 0 分)。

（4）在"积分榜"工作表的 A 列中填充序号,形如"1,2,3,…"。

（5）在"积分榜"工作表中,设置 A2:H22 单元格区域为水平居中格式。

（6）在"积分榜"工作表中,设置 A2:H22 单元格区域内框线为最细单线、红色,外框线为双线、蓝色。

（7）在"射手榜"工作表中,利用自动筛选功能,筛选出球队名称为"曼联"的数据。

（8）在"射手榜"工作表中,根据筛选出的球员名和进球总数生成一张簇状柱形图,嵌入当前工作表中,图表上方标题为"曼联球员进球总数统计",无图例,显示数据标签。

（9）保存工作簿"ex6.xlsx"。

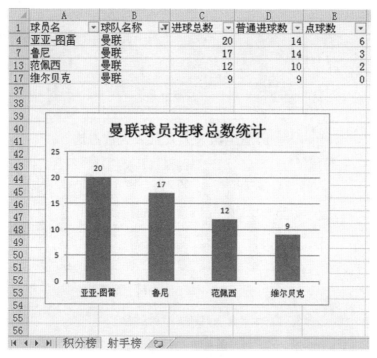

图 4-99　样张 6

7. 打开"Excel 素材\项目实战"文件夹中的 ex7.xlsx 文件,参考图 4-100,按下列要求进行操作(除题目要求外,不得增加、删除、移动工作表中的内容)。

(1) 在"非税收入"工作表的 B1 单元格中,输入标题"2009 年华东地区非税收入",设置其格式为黑体、加粗、20 号,并设置其在 B 至 I 列范围合并后居中。

(2) 在"非税收入"工作表的 C4 到 C10 单元格中,用公式分别计算各地区非税收入(非税收入为右边各项之和)。

(3) 在"税收收入"工作表的 B4 到 B10 单元格中,用公式分别计算各地区税收收入(税收收入为右边各项之和)。

(4) 在"一般预算收入"工作表的 B4 到 B10 单元格中,引用"非税收入""税收收入"工作表中的数据,用公式分别计算各地区一般预算收入(一般预算收入 = 非税收入 + 税收收入),结果保留为 2 位小数。

(5) 在"一般预算收入"工作表中,根据各地区一般预算收入数据生成一张簇状柱形图,嵌入当前工作表中,图表上方标题为"华东各地区一般预算收入",无图例,显示数据标签。

(6) 保存工作簿"ex7.xlsx"。

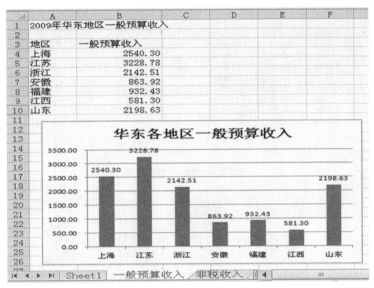

图 4-100 样张 7

8. 打开"Excel 素材\项目实战"文件夹中的 ex8.xlsx 文件,参考图 4-101,按下列要求进行操作(除题目要求外,不得增加、删除、移动工作表中的内容)。

(1) 将 Sheet1 工作表改名为"部门收入分类",Sheet2 工作表改名为"销售明细"。

(2) 在"销售明细"工作表中,将地区列设置为居中。

(3) 在"销售明细"工作表的 A1 单元格中,输入标题"销售情况表",设置其格式为隶书、加粗、20 号、蓝色,并设置其在 A 至 F 列范围合并后居中。

(4) 在"销售明细"工作表的 F2 单元格中,输入"销售金额",在 F3 到 F14 中用公式分别计算各城市各季度的销售金额(销售金额 = 销售数量 × 销售单价)。

(5) 在"销售明细"工作表中,设置 F3:F14 单元格区域为整数格式。

(6) 在"销售明细"工作表中,设置 A2:F14 单元格区域外框线为最粗单线、绿色,内框线为最细单线、绿色。

(7) 在"销售明细"工作表中,根据三季度的"城市""销售数量"数据生成一张簇状柱形图,嵌入当前工作表中,图表上方标题为"三季度各城市销售数量图",无图例,显示数据标签。

(8) 在"部门收入分类"工作表中按"年度"进行分类汇总,求出不同年度的收入合计,要求汇总结果显示在数据下方。

(9) 保存工作簿"ex8.xlsx"。

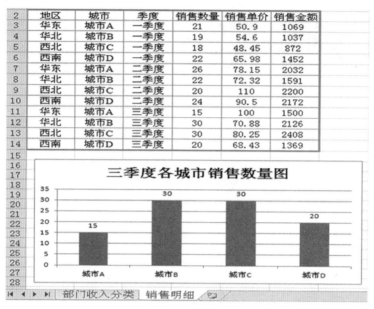

图 4-101 样张 8

演示文稿制作软件 PowerPoint 2016

　　PowerPoint 2016 是 Microsoft Office 2016 办公系列软件之一,用户可以在投影仪或者计算机上进行演示,也可以将演示文稿打印出来,制作成胶片,以便应用到更广泛的领域中。利用 PowerPoint 不仅可以创建演示文稿,还可以在互联网上召开远程会议或在网上给观众展示演示文稿。通过本项目的学习,学会做一份宣传演示文稿。

任务 5.1　演示文稿的建立

学习目标

- 了解 PowerPoint 2016 的功能,熟悉 PowerPoint 2016 的窗口界面。
- 能较熟练地创建 PowerPoint 文档,能根据需要为文档合理命名。
- 根据需求创建幻灯片。

新建 PowerPoint 文档,为某学院制作 9 张宣传幻灯片,效果如图 5-1 所示。

图 5-1　效果图

一、PowerPoint 2016 的启动与退出

1. PowerPoint 2016 的启动

启动 PowerPoint，程序自动建立一个名为"演示文稿1"的空白文稿。

方法一：选择"开始"→"P"→"PowerPoint 2016"，启动 PowerPoint 2016，如图 5-2 所示。

图 5-2　"开始"菜单 　　　　图 5-3　PowerPoint 快捷图标

方法二：通过桌面快捷方式启动 PowerPoint 2016，如图 5-3 所示。

方法三：若已经存在 PowerPoint 文件，直接双击该文件，即可启动 PowerPoint 软件，同时会打开该文件。

2. PowerPoint 2016 的退出

方法一：单击 PowerPoint 2016 窗口右上角的"关闭"按钮。

方法二：选择"文件"→"关闭"命令。

方法三：在 PowerPoint 2016 窗口的左上角单击鼠标，选择"关闭"命令。

方法四：按组合键【Alt】+【F4】。

二、认识 PowerPoint 2016 的窗口界面

PowerPoint 2016 的窗口界面主要由标题栏、选项卡、功能区、大纲/幻灯片窗格、编辑窗口、备注栏和状态栏等部分组成，如图 5-4 所示。

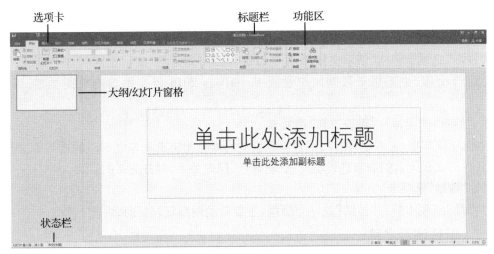

图 5-4　PowerPoint 2016 的窗口界面

PowerPoint 2016 取消了传统的菜单操作方式,取而代之的是各种选项卡。在 PowerPoint 2016 窗口上方看起来像菜单的名称其实是选项卡的名称,当单击这些名称时并不会打开菜单,而是切换到与之相对应的选项卡面板。每个选项卡根据功能的不同又分为若干个组,每个选项卡所具有的功能如下:

1. "开始"选项卡

"开始"选项卡主要包括"剪贴板""幻灯片""字体""段落""绘图""编辑"六个组,该选项卡主要用于帮助用户对幻灯片进行文字编辑、简单的图形绘制和格式设置,是用户最常用的选项卡。

2. "插入"选项卡

"插入"选项卡主要包括"幻灯片""表格""图像""插图""加载项""链接""批注""文本""符号""媒体"几个组,主要用于在 PowerPoint 2016 文档中插入各种元素。

3. "设计"选项卡

"设计"选项卡包括"主题""变体""自定义"三个组,用于帮助用户选择幻灯片的设计模板、背景格式等。

4. "切换"选项卡

"切换"选项卡包括"预览""切换到此幻灯片""计时"三个组,用于帮助用户设置幻灯片之间切换的动态效果、声音、时间、动作等参数。

5. "动画"选项卡

"动画"选项卡包括"预览""动画""高级动画""计时"四个组,用于帮助用户将一张幻灯片内各个元素如文字、图片、图形等设置进入、强调、退出和动作路径的动态效果。

6. "幻灯片放映"选项卡

"幻灯片放映"选项卡包括"开始放映幻灯片""设置""监视器"三个组,用于帮助用户播放本演示文稿,可以手动单击播放,也可以预先录制。

7. "审阅"选项卡

"审阅"选项卡包括"校对""见解""语言""中文简繁转换""批注""比较""墨迹"七个组,主要用于对演示文稿进行校对和修订等操作,适用于多人协作处理 PowerPoint 2016 长演示文稿。

8. "视图"选项卡

"视图"选项卡包括"演示文稿视图""母版视图""显示""显示比例""颜色/灰度""窗口""宏"十个组,主要用于帮助用户设置 PowerPoint 2016 操作窗口的视图类型,以方便操作。

9. "绘图"/"图片"/"图表工具"选项卡

在选中文本框、艺术字、图片、图表等元素的时候会相应出现与之对应的选项卡,用于帮助用户针对文稿元素的细节进行填充色、轮廓色、层级关系、对齐关系的管理。

10. "帮助"选项卡

"帮助"选项卡只有"帮助"这一个分组,主要帮助用户获取帮助,快速上手。

三、新建演示文稿

选择"文件"→"新建"命令,打开"新建"任务窗格,如图 5-5 所示,PowerPoint 提供了若干种主题,选择某一种主题,单击"创建"按钮,即可创建一个空白演示文稿。

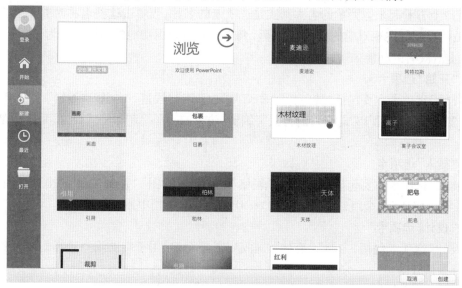

图 5-5 "新建"任务窗格

四、完成幻灯片的内容

操作步骤如下:

第一步:根据准备的材料完成三张幻灯片的内容并保存。分别在第 1 张幻灯片中输入"××××学院简介"标题及内容正文,在第 2 张幻灯片中输入"组织架构"标题及内容正文,在第 3 张幻灯片中输入"学院风光"标题,内容见"PowerPoint 素材"文件夹中的"素材文字.txt"中。

第二步:在幻灯片的最后增加六张新的幻灯片,分别对"基础部""现代服务系""电子信息系""电气工程系""机电工程系""汽车工程系"进行简单介绍,内容见"PowerPoint 素材"文件夹中的"素材文字.txt"中。

五、保存演示文稿

选择"文件"→"保存"命令,打开"另存为"对话框,在对话框中选择保存的目标位置,输入保存的文件名,然后单击"保存"按钮,系统就会在指定的文件夹中生成一个类型为"PowerPoint 演示文稿(*.pptx)"的演示文稿文件,如图 5-6 所示。

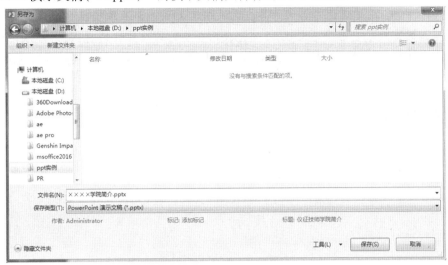

图 5-6 "另存为"对话框

知识拓展

演示文稿是使用 PowerPoint 制作的一个完整的演示文件,包含一张或多张幻灯片。幻灯片是演示文稿的组成部分,每张幻灯片可由文本、图形、图像、音频、视频等多媒体元素构成。

幻灯片版式是指幻灯片内容在幻灯片上的排列方式,版式由占位符组成,而占位符处可放置文字、表格、图表、图片、图形等元素,选择合适的版式,可以使制作的演示文稿版面整洁、美观。

PowerPoint 提供了 5 种视图方式:普通视图、大纲视图、幻灯片浏览视图、备注页视图和阅读视图,通过"视图"选项卡可以在不同的视图方式间进行切换,如图 5-7 所示。

图 5-7 视图切换

- 普通视图:PowerPoint 2016 的默认视图,包括大纲窗格、幻灯片窗格和备注窗格,主要用于单独编辑某一张幻灯片的所有内容。
- 大纲视图:在大纲窗格中显示文本和组织结构,不显示图形图像和图表等对象。

- 幻灯片浏览视图:以缩略图形式显示演示文稿的所有幻灯片,主要用于观察演示文稿的整体显示效果,在这种视图方式下,可以方便地对幻灯片进行重新排序、添加、复制、移动、删除、设置切换效果等操作。
- 备注页视图:主要用于向某张幻灯片添加备注文本。
- 阅读视图:用于通过自己的计算机放映演示文稿。如果希望在一个设有简单控件以方便审阅的窗口中查看演示文稿,而不想使用全屏的幻灯片放映视图,则可以在自己的计算机上使用阅读视图。如果要更改演示文稿,可随时从阅读视图切换至其他视图。

1. 查看"状态栏"和"备注栏"。
2. 依次单击各个菜单按钮,查看并了解各个功能区的功能。
3. 建立一个以自己的姓名命名的 PowerPoint 文档,输入几段自我介绍的文字,完成后保存退出。

任务 5.2　演示文稿的主题设置和放映

- 能熟练地设置演示文稿的显示比例、放映方式。
- 能够在放映时编辑幻灯片。
- 能为整个演示文稿应用统一的主题。

打开任务 5.1 中保存的演示文稿,进行下列操作:
① 设置演示文稿的显示比例为"全屏显示(16∶9)"。
② 设置演示文稿的放映方式为"演讲者放映",换片方式为"手动"。
③ 在幻灯片放映时直接定位到第 4 张幻灯片,并对标题"基础部"文本加上标记。
④ 为整个演示文稿应用"平面"主题。

一、设置显示比例

单击"设计"选项卡的"自定义"组中的"幻灯片大小",在下拉列表中选择"自定义幻灯片大小"(图 5-8),打开如图 5-9 所示的对话框,在"幻灯片大小"中选择"全屏显示

（16∶9）",单击"确定"按钮。

图 5-8　选择"自定义幻灯片大小"

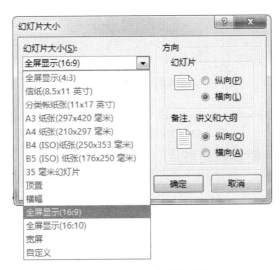

图 5-9　"幻灯片大小"对话框

二、设置放映方式

操作步骤如下：

第一步：单击"幻灯片放映"选项卡的"设置"组中的"设置幻灯片放映"按钮，如图 5-10 所示。

图 5-10　设置幻灯片放映

第二步：在弹出的"设置放映方式"对话框中按图 5-11 所示设置，单击"确定"按钮。

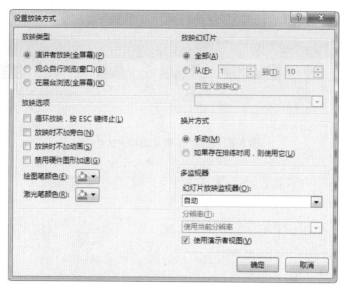

图 5-11 "设置放映方式"对话框

三、在放映幻灯片时编辑幻灯片

操作步骤如下:

第一步:单击"幻灯片放映"选项卡的"开始放映幻灯片"组中的"从头开始"按钮,进入幻灯片放映状态,如图 5-12 所示。

图 5-12 从头开始播放

第二步:在幻灯片放映状态右击鼠标,在出现的快捷菜单中选择"查看所有幻灯片"中的"4 基础部",进入第 4 张幻灯片的放映。

第三步:继续右击鼠标,在出现的快捷菜单中选择"指针选项"→"笔",然后在标题上画上标记即可。

四、为整个演示文稿应用"平面"主题

操作步骤如下:

第一步:单击"设计"选项卡的"主题"组中"其他",找到"平面"主题,如图 5-13 所示。

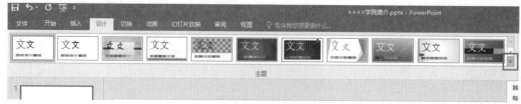

图 5-13 "平面"主题

第二步:选择"平面"主题之后,整个演示文稿的风格就统一了,如图 5-14 所示。

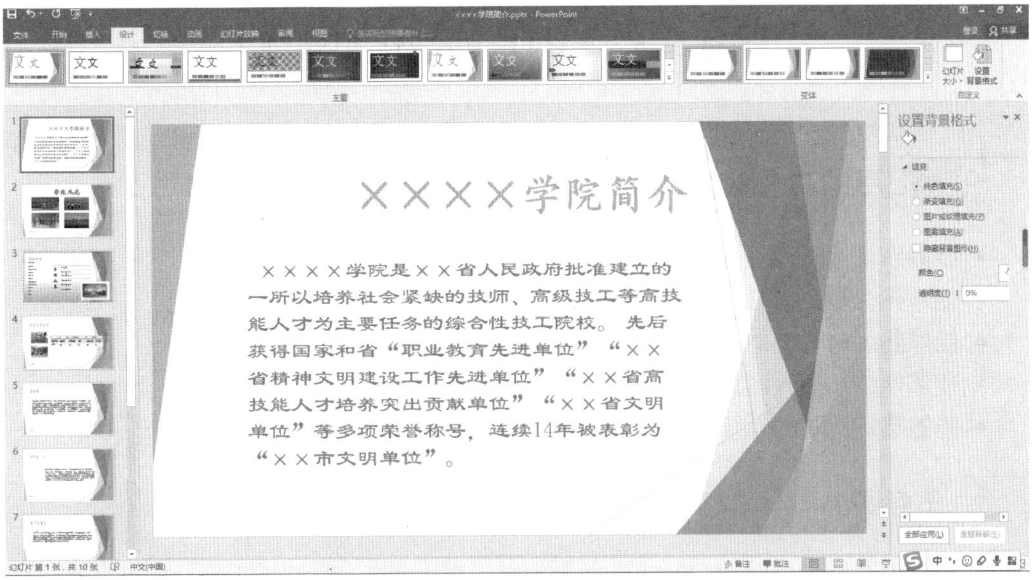

图 5-14　应用了"平面"主题的幻灯片

第三步:选择"文件"→"保存"命令,保存对演示文稿所做的设置。

知识拓展

① 演示文稿的三种放映方式。

● 演讲者放映方式:演示文稿的默认放映方式,在这种方式下演讲者可以人工手动控制幻灯片的放映进度,也可以通过添加排练计时的方法让幻灯片自动放映。

● 观众自行浏览方式:演示文稿出现在小型窗口内,观众利用菜单进行翻页、打印和浏览等操作。放映过程中不能使用单击进行放映,只能通过拖动滚动条的方式完成幻灯片的切换。

● 在展台浏览方式:适用于展台或会场中无人工干预的演示文稿放映,此方式下演示文稿通常设定为自动放映,每次播放结束后会自动重新放映。

② 利演示文稿的打包功能,可将制作完成的演示文稿文件连同其支持文件一起复制到 CD 或指定文件夹中。默认情况下,演示文稿播放器也包含在打包文件中,那么即使在没有安装 PowerPoint 的计算机上,也可以通过该播放器正常放映打包的演示文稿。

任务巩固

1. 打开"PowerPoint 素材\任务巩固"文件夹中的"海参.pptx"演示文稿,设置其显示比例为"宽屏(16∶9)",放映方式为"观众自行浏览"。

2. 给上述演示文稿添加统一的主题。

任务 5.3 幻灯片的制作和修饰

- 能够熟练地对幻灯片的内容进行格式化。
- 能够熟练地在幻灯片中添加页脚、编号、备注等内容。
- 能够熟练地改变幻灯片的背景。
- 能够熟练地插入图片、SmartArt、艺术字、表格等对象,并能对对象进行设置。
- 能够熟练地对幻灯片进行移动、复制、插入、删除等操作。

任务要求

打开前面完成的几张幻灯片,进行对象的插入和格式化,要求如下:

① 把第 1 张幻灯片的标题设置为楷体、42 号、加粗,标题之外的文字设置为隶书、22 号。

② 添加页脚"×××学院",并给除了首页外的幻灯片加上编号。

③ 在第 2 张幻灯片中插入一个 SmartArt 图形,版式为"线型列表",SmartArt 样式为"砖块场景",内容用"系部设置"中的文字。

④ 将第 2 张幻灯片的背景格式设置为"渐变填充"的"预设渐变"下的"顶部聚光灯-个性色 1",类型是"标题的阴影"。

⑤ 在第 2 张幻灯片的右下角插入图片"行政楼.jpg",图片高度为 5 厘米,宽度为 8 厘米;水平位置为从左上角 16.5 厘米,垂直位置为从左上角 8.5 厘米;将图片样式设置为"矩形投影"。

⑥ 把第 3 张幻灯片版式设置为"空白",并插入艺术字"学院风光",艺术字的样式为"填充-白色,轮廓-着色 2,清晰阴影-着色 2",艺术字放置位置为从左上角水平 8.5 厘米,从左上角垂直 0.5 厘米,去除艺术字的填充色,并在艺术字的下方插入四张图片,并调整到合适的大小和位置,如图 5-15 所示。

⑦ 交换第 2、3 两张幻灯片的位置。

⑧ 在第 3 张幻灯片的后面新建一个"两栏内容"版式的幻灯片,在标题位置输入"学生社团活动",并在左右文本框的位置分别插入学生活动的照片和表格,如图 5-16 所示。

图 5-15　第 3 张幻灯片

图 5-16　学生社团活动

一、设置标题格式

选择需要设置格式的文本，单击"开始"选项卡的"字体"组中的工具按钮进行设置，如果要设置字体的其他格式，则可以单击"字体"组右下角的对话框启动器按钮，打开"字体"对话框进行设置，如图 5-17 所示。

图 5-17 "字体"对话框

二、在幻灯片中插入编号和页脚内容

单击"插入"选项卡的"文本"组中的"页眉和页脚"按钮,打开"页眉和页脚"对话框,按图 5-18 所示设置,插入幻灯片的编号。

图 5-18 "页眉和页脚"对话框

三、插入 SmartArt 图形

操作步骤如下:

第一步:选中第 2 张幻灯片,单击"插入"选项卡的"插图"组中的"SmartArt"按钮,打开"选择 SmartArt 图形"对话框,如图 5-19 所示。

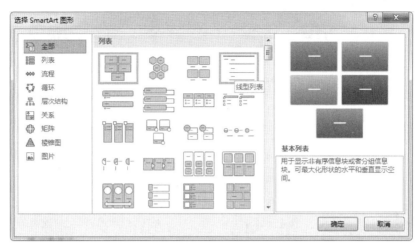

图 5-19 "选择 SmartArt 图形"对话框

第二步:双击"线型列表"后输入系部设置的文字内容,为了方便编辑,点开文本窗格。如需添加横排文本框,按回车键即可,如图 5-20 所示。

图 5-20 SmartArt 编辑框

第三步:整个图形做好后,缩至合适大小,选中 SmartArt 图形,选择"SmartArt 工具—设计"选项卡的"SmartArt 样式"组中的"砖块场景",并将原来的纯文字部分删除,如图 5-21 所示。

第四步:将第 2 张幻灯片的背景格式设置为"渐变填充"→"预设渐变"→"顶部聚光灯-个性色 1",类型是"标题的阴影"。

图 5-21　SmartArt 样式

四、设置幻灯片的背景格式

操作步骤如下：

第一步：选中第 2 张幻灯片，右击空白处，选择"设置背景格式"命令，弹出"设置背景格式"任务窗格，选择相应的命令，如图 5-22 所示。

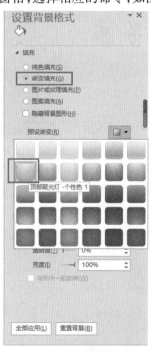

图 5-22　顶部聚光灯

图 5-23　选择"标题的阴影"

第二步：在"类型"下拉列表中选择"标题的阴影"，如图 5-23 所示。

设置完后的结果如图 5-24 所示。

图 5-24　第 2 张幻灯片的效果图

五、插入图片并格式化

操作步骤如下：

第一步：选中第 2 张幻灯片，单击"插入"选项卡的"图像"组中的"图片"按钮，打开"插入图片"对话框，找到"行政楼.jpg"，进行图片的插入，如图 5-25 所示。

图 5-25　"插入图片"对话框

第二步：选中已经插入的图片，单击"图片工具—格式"选项卡的"大小"组右下角的 ，打开"设置图片格式"任务窗格，选中"大小"属性标签，取消选中"锁定纵横比"复选框，分别把高度、宽度、位置改为相应的数值，如图 5-26 所示。

第三步：选择"图片工具—格式"选项卡的"图片样式"组中的"矩形投影"，对图片样式进行设置，如图 5-27 所示。

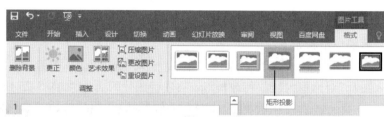

图 5-26　"设置图片格式"任务窗格　　　　图 5-27　设置图片样式

六、插入艺术字并格式化

操作步骤如下：

第一步：选中第 3 张幻灯片，将原来的"学院风光"文本删除，单击"开始"选项卡的"幻灯片"组中的"版式"按钮，选择"空白"幻灯片版式，如图 5-28 所示。

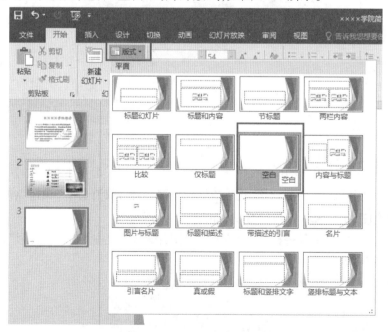

图 5-28　选择"空白"幻灯片版式

第二步:单击"插入"选项卡的"文本"组中的"艺术字"按钮,单击"艺术字"下面的箭头,如图 5-29 所示,选择"填充-白色,轮廓-着色 2,清晰阴影-着色 2",并输入"学院风光"。

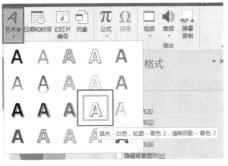

图 5-29　选择艺术字样式

第三步:选中艺术字,右击,在弹出的快捷菜单中选择"大小和位置"命令,在弹出的任务窗格中找到"位置",将参数调整为任务要求的数值,如图 5-30 所示。

图 5-30　选择"大小和位置"命令

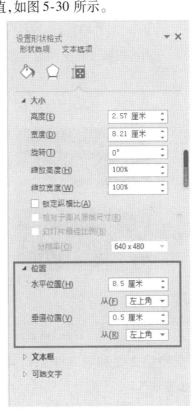

图 5-31　"设置形状格式"任务窗格

第四步:单击空白处,取消艺术字的选中状态。选择"插入"选项卡的"图像"组中的"图片"命令,选择"PowerPoint 素材"中的四幅图片。

图 5-32　选择四幅图片

第五步：分别将四幅图片拉伸为一样大小，位置排列美观合理，如图 5-33 所示。

图 5-33　"学院风光"幻灯片

七、交换第 2 张和第 3 张幻灯片的顺序

操作步骤如下：

第一步：选中第 2 张幻灯片的缩略图，单击"开始"选项卡的"剪贴板"组中的"剪切"按钮，如图 5-34 所示。

第二步：选中第 3 张幻灯片的缩略图，单击"开始"选项卡的"剪贴板"组中的"粘贴"按钮，如图 5-35 所示。

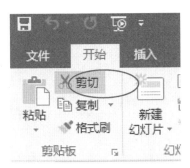

图 5-34　执行"剪切"操作

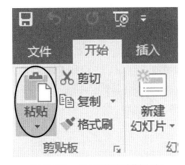

图 5-35　执行"粘贴"操作

八、新建一张幻灯片,完成"学生社团活动"版面

操作步骤如下：

第一步：选中第 3 张幻灯片,单击"开始"选项卡的"幻灯片"组中的"新建幻灯片"按钮,选择"两栏内容"版式的幻灯片,如图 5-36 所示。

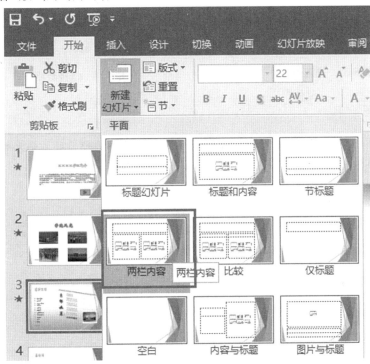

图 5-36　选择"两栏内容"版式的幻灯片

第二步：在标题位置输入"学生社团活动"并调整好格式；分别插入"PowerPoint 素材"文件夹中的几张社团活动的照片,调整好图片的位置和大小；选择"插入"选项卡的"表格"→"插入表格"命令(图 5-37),插入一个 6 列 3 行的表格,样式为"中度样式 2-强调 1",如图 5-38 所示。

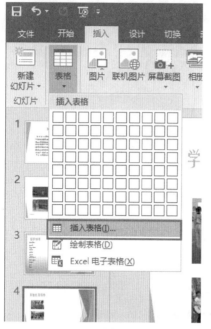

图 5-37　插入表格

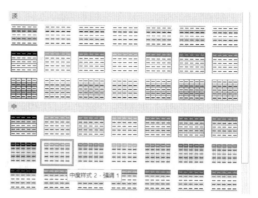

图 5-38　选择表格样式

知识拓展

默认的第一个项目符号为圆点，可以打开"项目符号和编号"对话框来设置其他的项目符号类型，也可以对项目符号设置大小、颜色等，如图 5-39 所示。

对幻灯片中已经插入的图片、联机图片等对象的大小进行调整时，一定要注意"锁定纵横比"复选框是否被选中，如图 5-40 所示。

"插入"选项卡中可展示的形式很多，"形状"包括了 PowerPoint 内置的线条、矩形、基本形状、箭头、公式形状、流程图、星与旗帜、标注、动作按钮九大类元素。单击"插入"选项卡的"插图"组中的"形状"按钮，在下拉列表中选择合适的形状，可以使制作的演示文稿形式更丰富，如图 5-41 所示。

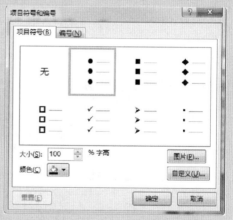

图 5-39　"项目符号和编号"对话框

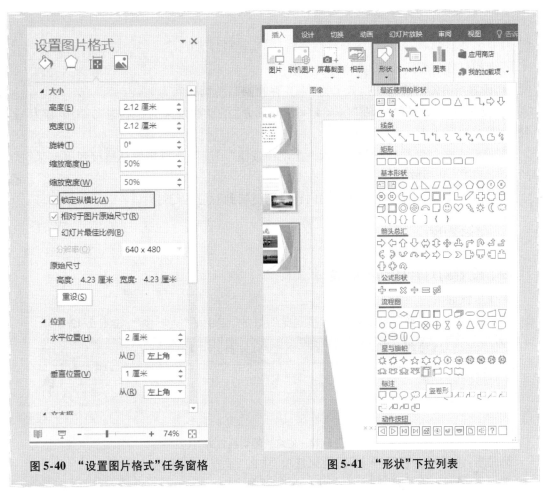

图 5-40 "设置图片格式"任务窗格　　　　图 5-41 "形状"下拉列表

任务巩固

1. 打开"PowerPoint 素材\任务巩固"文件夹中的"海参.pptx"演示文稿,练习插入页眉、页脚、编号。

2. 练习插入艺术字,并设置它们的颜色、大小与位置参数。

3. 练习插入图片、形状和表格,并设置它们的大小与位置参数。

任务 5.4　幻灯片放映效果的设置

学习目标

- 能够熟练地自定义动画,设置幻灯片的切换效果。
- 能够熟练地添加动作按钮,创建超链接。

设置幻灯片的放映效果,具体要求如下:
① 设置所有幻灯片的切换效果为"垂直百叶窗",持续时间为1 s。
② 设置第1张幻灯片标题"×××学院简介"的动画效果为自右侧飞入,声音为"打字机",持续时间为1 s。
③ 在第1张幻灯片的右下角插入一个动作按钮"下一项",单击鼠标链接到第3张幻灯片"组织结构",并播放"鼓掌"声音。
④ 把第3张幻灯片中系部设置的内容分别链接到对应的幻灯片。

一、设置幻灯片的切换效果

操作步骤如下:
第一步:选择"切换"选项卡的"切换到此幻灯片"组中的"百叶窗",如图5-42所示。

图5-42 幻灯片的切换方式

第二步:选择"切换"选项卡的"效果选项"中的"垂直",如图5-43所示。
第三步:在"持续时间"框中输入"01.00",并单击"全部应用"按钮,如图5-44所示。

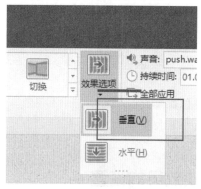

图5-43 幻灯片切换效果的设置　　　图5-44 切换时间的设置

二、设置幻灯片的动画效果

操作步骤如下:
第一步:选中第1张幻灯片的标题内容,选择"动画"选项卡的"动画"组中的"飞入"。
第二步:选择"动画"选项卡的"高级动画"组中的"动画窗格",打开"动画窗格",单击动画右侧的下拉箭头,选择"效果选项",如图5-45所示。

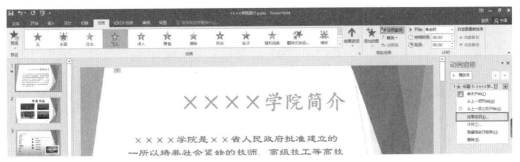

图 5-45 找到效果选项

第三步：打开"飞入"对话框，把"方向"设置为"自右侧"，声音设置为"打字机"，并单击"确定"按钮，如图 5-46 所示。

图 5-46 飞入效果的设置

图 5-47 动画计时

第四步：在"动画"选项卡的"计时"组的"持续时间"框中输入"01.00"，如图 5-47 所示。

三、动作按钮的插入及设置

操作步骤如下：

第一步：选中第 1 张幻灯片，单击"插入"选项卡的"插图"组中的"形状"按钮，在下拉列表中选择"动作按钮"→"下一项"，拖动鼠标在第 1 张幻灯片的右下角画出一个动作按钮。

第二步：松开鼠标，在弹出的"操作设置"对话框中按图 5-48 所示设置，单击"确定"按钮。

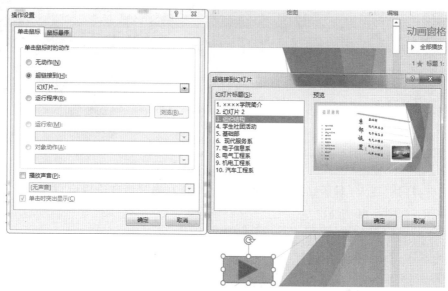

图 5-48　设置动作按钮的超链接

四、把第 3 张幻灯片中系部设置的内容分别链接到对应的幻灯片

操作步骤如下：

第一步：选中第 3 张幻灯片中 SmartArt 的"基础部"文本，单击"插入"选项卡的"链接"组中的"超链接"按钮，出现"插入超链接"对话框，在对话框中按图 5-49 所示设置。单击"确定"按钮，即完成"基础部"文本的链接设置。

第二步：根据上面的超链接方法分别实现对其他文本的超链接设置。

图 5-49　设置文本的超链接

知识拓展

① 如果需要把对象以增强型图元文件进行插入，必须选择"粘贴"→"选择性粘贴"进行设置，如图5-50所示。

② 如果要对所有幻灯片进行背景设置，必须要单击"全部应用"按钮，如图5-51所示。

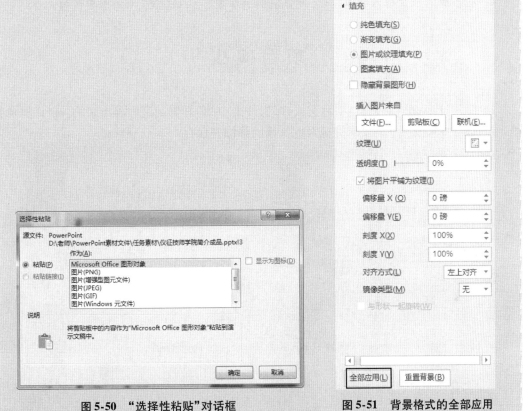

图5-50 "选择性粘贴"对话框　　　　图5-51 背景格式的全部应用

③ 如果要设置所有幻灯片的切换效果，则在设置完效果后必须单击"全部应用"按钮，如图5-52所示。

图5-52 切换效果的全部应用

④ 幻灯片超链接与网页超链接作用类似，可以实现在幻灯片与幻灯片、幻灯片与其他文件或程序及幻灯片与网页之间的快速切换，主要应用在有明显目录特征、内容分散的演示文稿中，还可以用相同的方法给文本、图片、图形等多种对象添加超链接。放映时单击该对象，直接跳转到相应链接的位置。

1. 打开"PowerPoint 素材\任务巩固"文件夹中的"海参.pptx"演示文稿,更改幻灯片的主题和背景参数。
2. 更改幻灯片的切换效果,分别使用细微型、华丽型、动态内容中的各种切换效果。
3. 添加幻灯片中文本、图片的动画效果,分别使用进入、强调、退出、动作路径中的动画效果。
4. 在合适的位置插入动作按钮,设置它们的参数,为合适的文本添加超链接。

项 目 实 战

1. 打开"PowerPoint 素材\项目实战\1"文件夹中的"好胃是这样养出来的.pptx"演示文稿,参考图 5-53,按照下列要求完成对此文稿的修饰并保存。

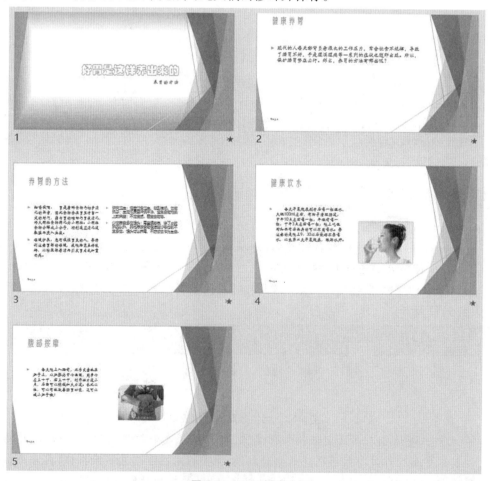

图 5-53 PPT 样张 1

（1）设置幻灯片大小为"全屏显示(16∶9)"，为整个演示文稿应用"平面"主题，设置放映方式为"观众自行浏览"。

（2）将第1张幻灯片的版式设置为"标题幻灯片"，主标题为"好胃是这样养出来的"，副标题为"养胃的方法"；将主标题设置为华文彩云、48号，副标题设置为23号；将幻灯片的背景格式设置为"渐变填充"→"预设渐变"→"顶部聚光灯-个性色1"，类型是"标题的阴影"。

（3）设置第2张幻灯片的标题为"健康养胃"，动画为"进入"→"浮入"，效果选项为"下浮"，标题动画从"上一动画之后"开始、延迟1.25 s；设置内容文本为楷体、22号，动画为"进入"→"字幕式"；动画顺序是先标题后内容文本。

（4）将第3张幻灯片的版式设置为"两栏内容"，标题为"养胃的方法"。将第2张幻灯片内容文本框中的文字"讲究卫生：注意饮食卫生……馒头可以养胃，不妨试试作为主食。"移到第3张幻灯片的右侧内容文本框中，设置内容文本为幼圆、15号。设置左侧内容文本框的动画为"进入"→"飞入"，效果选项为"自左侧"；设置右侧内容文本框的动画为"进入"→"飞入"，效果选项为"自右侧"；设置标题的动画为"强调"→"加粗展示"；动画顺序是先标题后内容文本。

（5）设置第4张幻灯片的版式为"两栏内容"，标题为"健康饮水"。将"PowerPoint素材\项目实战\1"文件夹中的"PPT2.jpg"插入第4张幻灯片右侧的内容区，设置图片样式为"旋转，白色"，图片效果为"发光"→"橙色，11 pt发光，个性色2"。设置图片动画为"进入"→"基本旋转"，效果选项为"垂直"；设置左侧内容文字动画为"强调"→"波浪形"；动画顺序是先内容文本后图片。

（6）设置第5张幻灯片的版式为"两栏内容"，标题为"腹部按摩"。将"PowerPoint素材\项目实战\1"中的"PPT1.jpg"插入第5张幻灯片右侧的内容区，图片样式为"圆形对角，白色"，图片效果为"阴影"→"内部：左上"。设置图片动画为"强调"→"陀螺旋"，效果选项为"旋转两周"，图片动画从"上一动画之后"开始。

（7）除了标题幻灯片外，在其他每张幻灯片中的页脚处插入"健康生活"四个字；设置第1、3、5三张幻灯片的切换方式为"框"，效果选项为"自左侧"；设置第2、4两张幻灯片的切换方式为"缩放"，效果选项为"放大"。

2. 打开"PowerPoint素材\项目实战\2"文件夹中的"热门城市房价地图.pptx"演示文稿，参考图5-54，按照下列要求完成对此文稿的修饰并保存。

（1）为整个演示文稿应用"平面"主题，设置幻灯片的大小为"宽屏(16∶9)"，放映方式为"观众自行浏览"。

（2）将第1张幻灯片的版式改为"空白"，插入样式为"填充-白色，轮廓-着色1，阴影"的艺术字，艺术字文字为"热门城市房价地图"，文字大小为66号，并设置其"水平居中""垂直居中"；设置第1张幻灯片的背景为"渐变填充"→"预设渐变"→"中等渐变-个性色2"，类型为"路径"，透明度为"10%"。

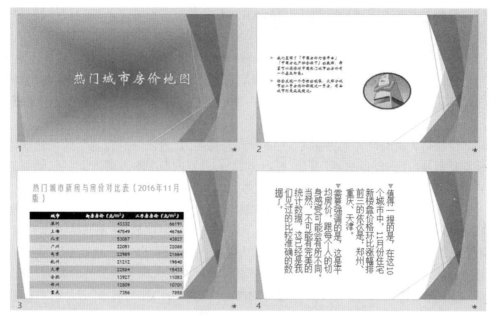

图 5-54　PPT 样张 2

（3）将第 2 张幻灯片的版式改为"两栏内容"，将"PowerPoint 素材\项目实战\2"文件夹中的"ppt1.jpg"插入第 2 张幻灯片右侧的内容区，图片样式为"棱台形椭圆，黑色"，图片效果为"棱台"→"斜面"。设置图片动画为"强调"→"放大/缩小"，效果选项为"数量"→"巨大"；设置左侧文字动画为"进入"→"缩放"；动画顺序是先文本内容后图片。

（4）将第 3 张幻灯片的版式改为"标题和内容"，标题为"热门城市新房与房价对比表（2016 年 11 月版）"，在内容区插入一张 11 行 3 列的表格，设置表格样式为"深色样式 2"，第 1 行第 1、2、3 列内容依次为"城市""新房房价（元/m²）""二手房房价（元/m²）"，参考"PowerPoint 素材\项目实战\2"文件夹中的"10 个城市的房屋均价.txt"的内容，按二手房房价从高到低的顺序将适当内容填入表格其余 10 行，将表格文字全部设置为 21 号，文字居中，数字右对齐。

（5）将第 4 张幻灯片的版式改为"竖排标题和文本"，将文本内容设置为宋体、36 号。

（6）设置全体幻灯片的切换方式为"碎片"，效果选项为"粒子向内"。

3. 打开"PowerPoint 素材\项目实战\3"文件夹中的"小型扫地车.pptx"演示文稿，参考图 5-55，按照下列要求完成对此文稿的修饰并保存。

（1）为整个演示文稿应用"丝状"主题，设置幻灯片的大小为"全屏显示（16∶9）"并确保适合，放映方式为"在展台浏览"。

（2）在第 1 张幻灯片前插入版式为"空白"的新幻灯片，插入样式为"填充-白色，轮廓-着色 2，清晰阴影-着色 2"的艺术字"小型扫地车 MN-C200"，设置艺术字大小为 66 号，艺术字文字效果为"转换"→"弯曲"→"双波形：下上"，艺术字动画为"强调"→"波浪形"，效果选项为"按段落"。

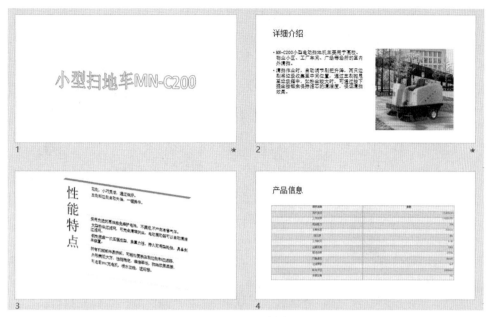

图 5-55　PPT 样张 3

(3) 将第 2 张幻灯片的版式改为"两栏内容",将"PowerPoint 素材\项目实战\3"文件夹中的"ppt1.jpg"插入第 2 张幻灯片右侧的内容区,设置图片动画为"强调"→"陀螺旋",效果选项为"旋转两周"。设置左侧文字动画为"进入"→"飞入",效果选项为"自左侧"。动画顺序是先文本内容后图片。

(4) 在第 2 张幻灯片中插入备注"科学作业,精制配件;培训简易,四部到位"。

(5) 在幻灯片的最后插入一张版式为"空白"的幻灯片,插入一个 SmartArt 图形,版式为"线型列表",SmartArt 样式为"砖块场景",SmartArt 图形中的所有文字从"PowerPoint 素材\项目实战\3"文件夹的"性能特点.txt"文件中获取。

(6) 在幻灯片的最后插入一张版式为"标题和内容"的幻灯片,在标题处输入文字"产品信息"。在下侧栏中插入一张 13 行 2 列的表格,表格内的所有文字从"PowerPoint 素材\项目实战\3"文件夹的"产品信息.docx"文件中获取,表格样式为"中度样式 4-强调 2",表格高度为 11 厘米,表格中文字居中,数字右对齐。

(7) 设置所有幻灯片切换方式为"门",效果选项为"水平"。

4. 打开"PowerPoint 素材\项目实战\4"文件夹中的"微课.pptx"演示文稿,参考图 5-56,按照下列要求完成对此文稿的修饰并保存。

(1) 在第 1 张幻灯片前插入一张新幻灯片,在最后一张幻灯片后插入一张新幻灯片;为整个演示文稿应用"平面"主题,放映方式为"观众自行浏览(窗口)";设置幻灯片大小为"全屏显示(16∶9)";除标题幻灯片外的幻灯片都插入幻灯片编号。

(2) 设置第 1 张幻灯片的版式为"标题幻灯片",主标题为"微课(Micro-lecture)",副标题为"培训教程";设置副标题格式为微软雅黑、48 号、蓝色。

图 5-56　PPT 样张 4

(3) 设置第 2 张幻灯片的版式为"标题和内容",标题为"微课定义";将文本区内容转换为 SmartArt 图形,布局为"梯形列表",SmartArt 样式为"卡通",更改颜色为"彩色填充-个性色 2";设置 SmartArt 图形动画为"进入"→"翻转式由远及近",效果选项为"序列"→"逐个",SmartArt 图形动画持续时间为 1.5 s,延迟为 0.5 s;设置标题动画为"进入"→"空翻",动画从"上一动画之后"开始,延迟为 1 s;动画顺序是先标题后图形。

(4) 设置第 3 张幻灯片的版式为"两栏内容",主标题为"the One Minute Professor";将"PowerPoint 素材\项目实践\4"文件夹中的"PPT1.jpg"插入右侧的内容区,设置图片的高度为 10 厘米,锁定纵横比,图片在幻灯片上的水平位置为"12 厘米""从左上角",垂直位置为"3 厘米""从左上角",图片样式为"金属椭圆",图片效果为"棱台"→"斜面",艺术效果为"马赛克气泡";设置图片动画为"进入"→"弹跳",图片动画从"上一动画之后"开始,持续时间为 1.5 s,延迟为 1 s;设置内容文本动画为"强调"→"加粗展示",效果选项为"按段落";动画顺序是先文本内容后图片。

(5) 设置第 4 张幻灯片的版式为"空白",并在指定位置(水平位置:4 厘米,从左上角;垂直位置:1.5 厘米,从左上角)插入样式为"填充金色,着色 3,锋利棱台"的艺术字"微课内容组成",设置文字大小为 66 号,艺术字宽度为 15.5 厘米、高度为 3.5 厘米,艺术字形状填充为"预设渐变"→"顶部聚光灯-个性色 1",类型为"线性",文本效果为"转换"→"弯曲"→"双波形 2",艺术字动画为"进入"→"缩放",效果选项为"消失点"→"幻灯片中心",动画从"与上一动画同时"开始;将"PowerPoint 素材\项目实战\4"文件夹中的"PPT2.jpg"插入此幻灯片中,设置图片的高度为 8 厘米,锁定纵横比,图片在幻灯片上的垂直位置为"6 厘米""从左上角",图片按"水平居中"对齐排列,图片样式为"透视阴影,白色",图片效果为"发光"→"绿色,11pt 发光,个性色 1";设置图片动画为"进入"→"玩具风车";动画顺序是先图片后艺术字;设置当前幻灯片的背景格式为"蓝色面巾纸",纹理填充"隐藏背景图形"。

(6) 设置第 1、3 两张幻灯片的切换方式为"擦除",效果选项为"自左侧",自动换片时间为 5 s;设置第 2、4 两张幻灯片的切换方式为"棋盘",效果选项为"自顶部",自动换片时间为 6 s。

5. 打开"PowerPoint 素材\项目实战\5"文件夹中的"烹调鸡蛋的常见错误.pptx"演示文稿,参考图 5-57,按照下列要求完成对此文稿的修饰并保存。

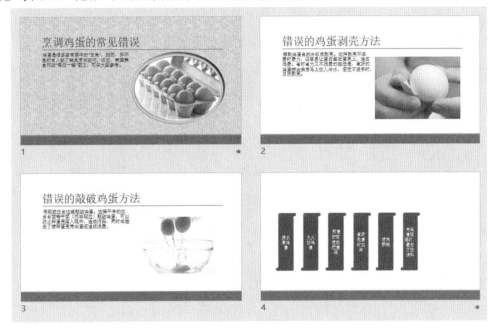

图 5-57　PPT 样张 5

(1) 为整个演示文稿应用"回顾"主题,设置幻灯片的大小为"宽屏(16∶9)",放映方式为"观众自行浏览"。

(2) 将第 1 张幻灯片的版式改为"两栏内容",标题为"烹调鸡蛋的常见错误",将"PowerPoint 素材\项目实战\5"文件夹中的"ppt1.jpg"插入第 1 张幻灯片右侧的内容区,图片样式为"金属椭圆",图片效果为"三维旋转"→"倾斜"→"倾斜右上"。设置图片动画为"强调"→"陀螺旋",效果选项为"逆时针";设置左侧文字动画为"进入"→"轮子";动画顺序是先文字后图片。将第 1 张幻灯片的背景设置为"花束"纹理。

(3) 在第 2 张幻灯片的标题处输入"错误的鸡蛋剥壳方法"。将"PowerPoint 素材\项目实战\5"文件夹中的"ppt2.txt"插入第 2 张幻灯片左侧的内容区,将"PowerPoint 素材\项目实战\5"文件夹中的"ppt2.jpg"插入第 2 张幻灯片右侧的内容区。

(4) 将第 3 张幻灯片的版式改为"两栏内容",主标题为"错误的敲破鸡蛋方法",将"PowerPoint 素材\项目实战\5"文件夹中的"ppt3.jpg"插入右侧的内容区。

(5) 将第 4 张幻灯片的版式改为"空白",在指定位置(水平位置:2.3 厘米,从左上角,垂直位置:6 厘米,从左上角)插入形状"星与旗帜"→"竖卷形",形状填充为"紫色",设置其高度为 8.6 厘米、宽度为 3 厘米。然后从左至右再插入与第一个竖卷形格式、大小完全相同的 5 个竖卷形,并参考"PowerPoint 素材\项目实战\5"文件夹中的"ppt4.txt"的内容按段落顺序(前 6 段)依次将烹调鸡蛋的常见错误(每段的第一句话)从左至右分别插入各竖卷形。

例如，从左数第 2 个竖卷形中插入文本"大火炒鸡蛋"。将 6 个竖卷形的动画都设置为"进入"→"飞入"。除左边第一个竖卷形外，其他竖卷形的动画均从"上一动画之后"开始，持续时间均为 2 s。在备注区插入备注"烹调鸡蛋的其他常见错误"。

（6）设置所有幻灯片的切换方式为"旋转"，效果选项为"自底部"。

数据库基础与 Access 2016

数据处理是计算机四大应用(科学计算、过程控制、数据处理、辅助设计)中的一个重要方面,数据库技术则是管理数据的最重要的方法。作为微软的 Office 成员之一的 Access,是把数据库引擎的图形用户界面和软件开发工具结合在一起的一个关系型数据库管理系统的典型代表。本项目以 Access 2016 为例,介绍数据库的常见使用方法。

任务 6.1　了解数据库技术

- 了解数据库技术的基本概念。
- 掌握关系型数据库系统的特点。
- 熟悉 SQL 常用数据查询、数据操纵语句。

数据处理是指计算机通过对数据的分类、组织、编码、存储、查询、统计、传输等操作,向人们提供有用信息的过程,所以在许多场合不加区分地把数据处理称为信息处理。数据管理技术是适应数据处理发展的客观要求而产生的,反过来,数据管理技术的发展又促进了数据处理的广泛应用,而数据库技术则是数据管理技术的顶峰。

一、数据库技术的基本概念

1. 数据(Data)

数据是指对客观事件进行记录并可以鉴别的符号,是对客观事物的性质、状态以及相互关系等进行记载的物理符号或这些物理符号的组合。它是可识别的、抽象的符号。

数据可以是具有一定意义的文字、字母、数字符号的组合、图形、图像、视频、音频等,也可以是客观事物的属性、数量、位置及其相互关系的抽象表示。例如,"0,1,2,…""阴、雨、下降、气温""学生的档案记录""货物的运输情况"等都是数据。数据经过加工后就成为信息。

数据可以是连续的值,比如声音、图像,称为模拟数据;也可以是离散的,如符号、文字,称为数字数据。数据库技术的主要研究对象就是数据。

2. 数据库(Database,简称 DB)

数据库是存放数据的仓库,是指按一定的数据结构进行组织的、可共享的、长期保存的相关信息的集合。数据库中不仅保存了用户直接使用的数据,还保存了定义这些数据的数据类型、模式结构等数据——"元数据"。数据库管理系统就是通过"元数据"对数据库进行管理和维护的。

3. 数据库管理系统(Database Management System,简称 DBMS)

数据库管理系统是一种操纵和管理数据库的软件系统,是数据库系统的核心软件,用于建立、使用和维护数据库。它对数据库进行统一的管理和控制,以保证数据库的安全性和完整性。用户通过 DBMS 访问数据库中的数据,数据库管理员也通过 DBMS 进行数据库的维护工作,数据库管理系统是位于用户与操作系统之间的数据库管理软件。例如,Oracle、SQL Server、Access 等都是使用广泛的数据库管理系统软件产品。

4. 数据库应用系统(Database Application System,简称 DBAS)

数据库应用系统是针对某一个应用管理对象进行设计开发的一个面向用户的软件系统,是建立在数据库管理系统之上的,而且具有较好的人机交互操作和友好的用户界面。例如,财务管理系统、设备管理系统、工资管理系统等都是数据库应用系统。

5. 数据库系统(Database System,简称 DBS)

数据库系统是为适应数据处理的需要而发展起来的一种较为理想的数据处理系统,也是一个为实际可运行的存储、维护和应用系统提供数据的软件系统,是存储介质、处理对象和管理系统的集合体。数据库系统通常由数据库、数据库管理系统及其开发工具、数据库应用系统、数据库管理员(Database Administrator,简称 DBA)和用户构成。

二、关系型数据库系统

关系型数据库是一种用数学方法组织、管理数据,建立在关系模型基础上的数据库。当前数据库领域的研究工作大多都是以关系型数据库为基础的。

1. 关系模型

关系模型按二维表结构描述客观事物及其联系,它的基本元素包括表、关键字和关系。其特点是数据按二维表结构组织,可以通过关键字和关系的使用访问其他表。

(1)表

在关系型数据库中,客观事物及其联系都是通过表来表达的。每一个表由表名、表头和记录数据组成。

表头由描述客观事物的各个数据项的名称(也称字段名)组成,表的每一列称为一个字段,表的每一行称为一条记录,每条记录的数据由各个字段的值组成。

如表 6-1 所示,"学生信息表"包括 7 个字段、10 条记录。

表 6-1 学生信息表

学号	姓名	性别	出生日期	院系	专业	联系电话
201601001	李红伟	男	1996-9-6	电气系	电子电工	68728813
201601002	高红	女	1996-7-12	电气系	电子电工	54647634
201602001	王雨晴	女	1995-11-8	汽修系	汽车检修	39563564
201602002	朱思清	女	1996-3-4	汽修系	汽车检修	23343563
201602003	张雪怡	女	1995-4-22	汽修系	汽车检修	26757743
201603001	王冰清	女	1995-10-5	计算机系	软件工程	77543439
201603002	赵玉梅	女	1996-8-10	计算机系	软件工程	37689768
201604001	钱小军	男	1997-1-6	建筑系	工程预算	55436754
201604002	孙越	男	1996-12-1	建筑系	工程预算	56762121
201605001	李国林	男	1995-7-19	商贸系	电子商务	97864323

（2）关键字

在表中，能唯一标识记录的字段称为候选关键字。被选用的候选关键字称为主关键字，也称为主键。例如，表6-1所示的"学生信息表"中，"学号""联系电话"两个字段不会出现重复的值，因此能唯一标识一条记录，它们是此表的候选关键字。若选择"学号"作为主关键字，那么，"学生信息表"的主键为"学号"。

关系数据库的主要作用是通过关键字使一个表中的记录与其他表中的记录匹配。外来关键字是指表中用来匹配其他表主键的字段。例如，表6-2所示的"学生成绩表"，主键为字段"成绩编号"，与表6-1所示的"学生信息表"匹配的外来关键字为字段"学号"。

表 6-2 学生成绩表

成绩编号	学号	课程编号	成绩	学期	考试日期
100001	201601001	110001	85.5	2016-2017-1	2017-1-20
100002	201601001	110002	90.0	2016-2017-1	2017-1-19
100003	201602001	110003	67.5	2016-2017-1	2017-1-20
100004	201602002	110001	72.0	2016-2017-1	2017-1-20
100005	201602002	110002	80.0	2016-2017-1	2017-1-21
100006	201602002	110003	74.0	2016-2017-1	2017-1-20
100007	201602003	110001	95.0	2016-2017-1	2017-1-19
100008	201602003	110002	84.5	2016-2017-1	2017-1-20
100009	201602003	110003	76.0	2016-2017-1	2017-1-1
100010	201602003	110004	62.5	2016-2017-1	2017-1-20

（3）关系

两个表之间可以以主键和外来关键字之间的关联来建立它们之间的关系。表与表之间有三种类型的关系，即一对一关系、一对多关系、多对多关系。

① 一对一关系。

一对一关系是指对于表 A 中的一条记录，表 B 中至多有一条记录与之对应，反之亦然。如图 6-1 所示，"学生基本情况表"及"学生家庭情况表"都是以学号为主键，每一位学生的家庭情况用一条记录表示。那么，这两个表的关系就是一对一关系。

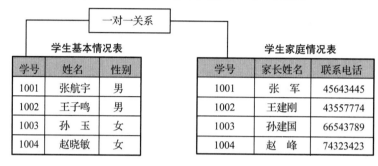

图 6-1 一对一关系

② 一对多关系。

一对多关系是指表 A 中的每一条记录，表 B 中有若干条记录与之对应；而对于表 B 中的每一条记录，表 A 中只有一条记录与之对应。表 6-1 所示的"学生信息表"与表 6-2 所示的"学生成绩表"之间的关系就是一对多关系，因为每一个学生有多门课程成绩，而每一门课程成绩只能属于一个学生，即"学生信息表"与"学生成绩表"通过字段"学号"建立了一对多关系。

③ 多对多关系。

多对多关系是指表 A 中的每一条记录，表 B 中有若干条记录与之对应；而对于表 B 中的每一条记录，表 A 中也有若干条记录与之对应。如"老师表"与"课程表"就是多对多关系，因为每一位老师承担多门课程的教学，而每一门课程的教学可由多位老师承担。

2. 结构化查询语言——SQL

结构化查询语言 SQL（Structured Query Language）是基于关系模型的数据库查询语言，是一种非过程化的程序语言。结构化查询语言是用来定义、操作、查询和控制数据库的语言。它是关系型数据库标准语言，具有功能丰富、使用方便灵活、语言简单易学等特点。

SQL 语句按其功能，可以分为四大类：数据查询语言（DQL）、数据定义语言（DDL）、数据操纵语言（DML）、数据控制语言（DCL）。表 6-3 中列出了几种常用的语句。

表 6-3 常用 SQL 语句分类及功能

SQL 分类	SQL 语句	功能
数据查询语言	SELECT	对数据库中的数据按特定的组合、条件或次序进行检索
数据定义语言	CREATE	创建、删除或修改数据库中的各类对象
	DROP	
	ALTER	

续表

SQL 分类	SQL 语句	功能
数据操纵语言	INSERT	对表中的数据进行增加、修改或删除
	UPDATE	
	DELETE	
数据控制语言	LOCK	封锁、向用户授权、回收用户授权、事务提交和事务失败回滚等控制功能
	GRANT	
	REVOKE	
	COMMIT	
	ROLL BACK	

(1) 数据查询语句

SQL 的数据查询功能通过 SELECT 语句实现。SELECT 语句主要用来对数据库中的各种数据对象进行查询,因此在 SQL 语言中,它是使用频率最高的语句。使用 SELECT 查询语句不仅可以实现查询功能,还可以进行统计、分组、排序等操作,从而实现选择、投影和连接等运算功能,以获得用户所需的数据信息。

SELECT 语句的一般格式为:

　　SELECT [DISTINCT] <目标列表达式>[,<目标列表达式>]……
　　FROM <表名或视图名>[,<表名或视图名>]……
　　[WHERE <条件表达式>]
　　[GROUP BY <列名1>[HAVING <条件表达式>]]
　　[ORDER BY <列名2>[ASC|DESC]];

以上格式中带有"[ ]"的项表示可选项,大写的词为 SQL 关键字。除了第一行外,每一行为一个子句。

说明:

① SELECT 子句指定了查询的列,<目标列表达式>可以是"*"(代表全部列),可以是表中指定的若干个列名,还可以是表达式。如果有"DISTINCT",则表示在查询结果中去掉重复数据的记录。

② FROM 子句指定了被查询的基本表或视图。

③ WHERE 子句说明查询的条件,<条件表达式>可使用下列操作符:

- 算术比较运算符:<、<=、>、>=、=、<>。
- 逻辑运算符:AND、OR、NOT。
- 集合运算符:UNION(并)、INTERSECT(交)、EXCEPT(差)。
- 集合成员资格运算符:IN、NOT IN。
- 谓词:EXISTS(存在量词)、ALL、ANY、UNIQUE。
- 集合函数:COUNT(计数)、SUM(求和)、AVG(平均值)、MAX(最大值)、MIN(最小值)。
- LIKE 操作符:用于在 WHERE 子句中搜索列中的指定模式。

<条件表达式>还可以是另外一个 SELECT 语句(即 SELECT 语句可以嵌套)。

④ SELECT 和 FROM 子句是每个 SQL 语句所必需的,其他子句是任选的,整个语句的含义是:根据 WHERE 子句的条件表达式,从 FROM 子句指定的基本表或视图中找出满足条件的记录,再按 SELECT 子句中的目标列表达式,选出记录中的字段值形成结果表。

⑤ 若有 GROUP 子句,则结果按指定的<列名 1>分组产生结果表中的一条记录,通常在每组中还可以使用 HAVING 作用库函数,当查询结果分组输出时,只输出满足条件的组。

⑥ 若有 ORDER BY 子句,则结果要根据指定的<列名 2>进行排序。[ASC]表示升序排序,[DESC]表示降序排序,若缺省则默认按升序排序。

⑦ 在搜索数据库中的数据时,可以用 SQL 通配符来替代一个或多个字符。SQL 通配符必须与 LIKE 运算符一起使用。常用的 SQL 通配符有"%"和"_"两个,其中"%"替代一个或多个任意字符,"_"仅替代一个字符。

下面举例说明 SELECT 语句的用法。针对表 6-1 所示的"学生信息表"和表 6-2 所示的"学生成绩表"进行查询操作。

例 6-1 检索男生的姓名和联系电话。
    SELECT 姓名,联系电话
    FROM 学生信息表
    WHERE 性别 = '男';

注意:因为列"性别"是字符型数据,所以其值的两边要加单引号。

例 6-2 检索成绩≥60 分的学生的学号、姓名、课程编号、成绩,并按成绩降序排列。
    SELECT 学生信息表. 学号,姓名,课程编号,成绩
    FROM 学生信息表,学生成绩表
    WHERE 学生信息表. 学号 = 学生成绩表. 学号 AND 成绩 >= 60
    ORDER BY 成绩 DESC;

注意:因为列"学号"在两个表中都存在,所以在引用时需要注明表的名称。

例 6-3 在"学生信息表"中检索所有姓"王"的学生的所有信息。
    SELECT *
    FROM 学生信息表
    WHERE 姓名 LIKE '王%';

如果需要检索姓名中含有"王"的数据,只需要将上述 SQL 语句中的 WHERE 子句改为:
    WHERE 姓名 LIKE '%王%';

(2) 数据操纵语句

数据操纵语句包括插入数据、修改数据、删除数据三类语句。

① INSERT 语句。

INSERT 语句用于向表中插入一条新记录。其格式如下:
    INSERT INTO <表名>[(<属性列 1>[,<属性列 2>]……)]
    VALUES(<常量 1>[,<常量 2>]……);

其中新记录属性列 1 的值为常量 1,属性列 2 的值为常量 2……INTO 子句中没有出现的

属性列,新记录在这些列上将取空值。如果 INTO 子句中没有指明任何列名,则新插入的记录必须在每个属性列上均有值。

例 6-4 在表 6-1 所示的"学生信息表"中增加一个新学生。学号:201605005,姓名:王平,性别:女,出生日期:1996-2-5,院系:建筑系,专业:工程预算,联系电话:55446678。

INSERT INTO 学生信息表(学号,姓名,性别,出生日期,院系,专业,联系电话)
VALUES('201605005','王平','女','1996-2-5','建筑系','工程预算','55446678');

② DELETE 语句。

DELETE 语句用于从指定的表中删除记录。其格式如下:

DELETE
FROM <表名>
[WHERE <条件>];

DELETE 语句的功能是从指定表中删除满足 WHERE 子句条件的所有记录,如果省略 WHERE 子句,表示删除表中全部记录,但表的定义仍在字典中,即 DELETE 语句删除的是表中的数据,而不是关于表的定义。

例 6-5 在表 6-1 所示的"学生信息表"中,删除学号为"201601001"的记录。

DELETE
FROM 学生信息表
WHERE 学号='201601001';

③ UPDATE 语句。

UPDATE 语句用于修改指定表中满足 WHERE 子句条件的记录。其格式如下:

UPDATE <表名>
SET <列名 1> = <表达式 1>[,<列名 2> = <表达式 2>]……
[WHERE <条件>];

SET 子句给出 <表达式> 的值用于取代相应的属性列值,如果省略 WHERE 子句,则表示要修改表中的所有记录。

例 6-6 在表 6-2 所示的"学生成绩表"中,将课程编号为"110001"的课程成绩加 5 分。

UPDATE 学生成绩表
SET 成绩 = 成绩 + 5
WHERE 课程编号 = '110001';

一、选择题

1. 下列软件中,_____是数据库管理系统。
A. PowerPoint   B. Excel   C. FrontPage   D. Access

2. 若"学生"表中存储了学号、姓名、成绩等字段,则查询所有姓张的学生姓名的 SQL 语句是_____。

A. SELECT DISTINCT 姓名 FROM 学生 WHERE 姓名 = '张%'

B. SELECT DISTINCT 姓名 FROM 学生 WHERE 姓名 LIKE 张%

C. SELECT * FROM 学生 WHERE 姓名 LIKE 张

D. SELECT DISTINCT 姓名 FROM 学生 WHERE 姓名 LIKE '张%'

3. 数据库管理系统简称_____。

A. DBA B. DBMS C. MIS D. DBS

4. 目前大多数数据库管理系统采用_____数据模型。

A. 关系 B. 层次 C. 网状 D. 面向对象

5. 术语"SQL"指的是_____。

A. 一种数据库结构 B. 一种数据库系统

C. 一种数据模型 D. 结构化查询语言

6. Access 表中的"主键"_____。

A. 能唯一确定表中一个元组 B. 必须是数值型

C. 必须要定义 D. 只能是一个字段名

7. 若"学生"表中存储了学号、姓名、性别、成绩等字段,则删除所有男学生记录的SQL语句是_____。

A. DELETE FROM 学生 WHERE 性别 = 男

B. DELETE FROM 学生 WHERE 性别 = '男'

C. DELETE * FROM 学生 WHERE 性别 = '男'

D. DELETE * FROM 学生 WHERE 性别 LIKE '男%'

8. 若"学生"表中存储了学号、姓名、成绩等信息,则查询"学生"表中所有成绩大于600分的学生姓名的SQL语句是_____。

A. SELECT * FROM 学生 WHERE 成绩 >600

B. SELECT DISTINCT 姓名 FROM 学生 WHERE 成绩 >600

C. IF 成绩 >600 THEN SELECT 姓名 FROM 学生

D. IF 成绩 >600 SELECT 姓名 FROM 学生

二、问答题

1. 关系型数据模型的基本元素有哪些?表之间的关系有几种类型?

2. 针对表6-1和表6-2所示的"学生信息表""学生成绩表",写出下列操作的SQL语句:

(1) 检索学号为"201601001"学生的姓名和联系电话。

(2) 检索学号为"201601001"学生的姓名、院系、专业及其所有课程的课程编号、成绩,并按成绩降序排列。

任务 6.2　初识 Access 2016

- 了解 Access 2016 数据库的构成。
- 掌握 Access 2016 的启动和退出的方法。
- 熟悉 Access 2016 的窗口界面。
- 掌握创建 Access 2016 数据库的方法。

① 用三种方法启动和退出 Access 2016。
② 认识 Access 2016 的窗口界面组成。
③ 用 Access 2016 样本模板创建数据库"教职员"。

一、Access 2016 的启动与退出

Access 2016 包含了用于管理和显示数据必要的组件,并提供了与用户接口的组件,Access 的组件又称为对象。Access 数据库主要由六种对象组成,它们是表、查询、窗体、报表、宏和模块。所有对象都存储在一个扩展名为". accdb"或". accde"的文件中。

1. Access 2016 的启动

启动 Access 2016 的方法很多,最常用的方法有以下几种:

方法一:通过快捷方式启动。安装 Access 2016 之后,桌面会添加 Access 2016 快捷图标,双击该图标即可,如图 6-2 所示。

图 6-2　通过快捷方式启动　　图 6-3　通过"开始"菜单启动

方法二:通过"开始"菜单启动,如图 6-3 所示。

方法三:通过已存文件快速启动。双击已存在的 Access 数据库文件,可快速启动 Access 2016。

2. Access 2016 的退出

使用 Access 2016 处理完数据后,当用户不再使用 Access 2016 时,应将其退出。退出 Access 2016 常用的方法主要有以下两种:

方法一:直接单击 Access 2016 主界面右上角的"关闭"按钮。

方法二:直接按【Alt】+【F4】快捷键。

二、Access 2016 的工作界面

如果是从 Windows"开始"菜单中打开 Access 2016,则可以看到默认的欢迎屏幕,如图 6-4 所示。欢迎屏幕提供了一些选项,用于打开现有的 Access 数据库或创建新的数据库。如果是通过双击对应的数据库文件打开 Access,则不会看到欢迎屏幕,而直接进入数据库界面。

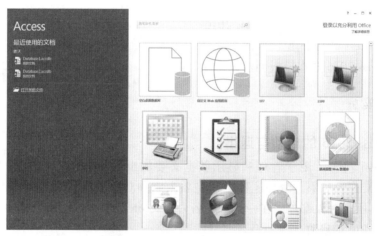

图 6-4 Access 2016 的欢迎屏幕

欢迎屏幕的左上角是"最近使用的文档"区域,此处列出的文件是最近通过 Access 2016 打开的数据库。在"最近使用的文档"区域的下面是"打开其他文件"超链接,单击此链接,可浏览并打开本地计算机或网络上的数据库。在欢迎屏幕的顶部,可以联机搜索 Access 数据库模板。

在欢迎屏幕的中心,显示各种预定义的模板,用户可以单击这些模板以便下载和使用。

在欢迎屏幕的中心,还有两个命令,分别是"空白桌面数据库""自定义 Web 应用程序",通过这两个选项,可以从头开始创建数据库。如果目标是在个人电脑上创建一个新的 Access 数据库,则选择"空白桌面数据库";如果最终需要通过 SharePoint 发布自己的 Access 应用程序,则选择"自定义 Web 应用程序"。

在创建或打开一个新的数据库后,Access 屏幕将显示如图 6-5 所示的界面。屏幕的顶部是功能区,屏幕左侧是导航窗格,这两个组件构成了 Access 界面的主要部分。此外,还可以根据需要使用"自定义快速访问工具栏",并且可以通过在其中放置一些常用的命令来自定义该工具栏。

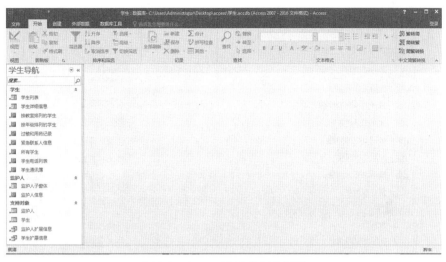

图 6-5　Access 2016 的工作界面

1. 标题栏

标题栏位于 Access 2016 工作界面的最顶端，用于显示当前打开的数据库文件名。在标题栏的右侧有 3 个小图标，分别用来最小化、最大化（还原）和关闭应用程序。

2. 自定义快速访问工具栏

快速访问工具栏是一个可自定义的工具栏，允许用户向其中添加日常操作中最重要的命令，如图 6-6 所示。默认情况下，快速访问工具栏包含三个命令，分别是"保存""撤消""恢复"。

图 6-6　快速访问工具栏

3. 功能区

功能区位于 Access 2016 窗口的顶部，功能区分为五个选项卡，每个选项卡都包含多个控件和命令，如图 6-7 所示。

图 6-7　功能区

4. 导航窗格

打开或新建一个数据库后，就可以看到导航窗格，用来显示当前数据库的各种对象，如图 6-8 所示。导航窗格有两种状态：折叠状态和展开状态。单击导航窗格上部的"》"或"《"按钮，就可以展开或折叠导航窗格。

导航窗格用于对当前数据库所有对象进行管理和对相关对象进行组织，对象类型主要有表、查询、窗体、报表及其他 Access 对象类型。导航窗格显示数据库中的所有对象，并且按类别将它们分组。单击窗格上部的下拉箭头，可以显示分组列表，如图 6-9 所示。

图 6-8　导航窗格

图 6-9　"浏览类别"菜单

5. 对象工作区

对象工作区位于功能区的下方、导航窗格的右侧，如图 6-10 所示。对象工作区是用来设计、修改、显示以及运行数据库对象的区域。对 Access 对象进行的所有操作都在对象工作区完成，结果也显示在对象工作区。

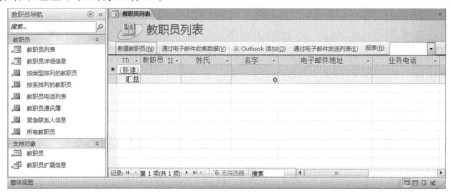

图 6-10　对象工作区

6. 状态栏

状态栏显示在窗口底部，用来显示状态信息、属性提示、进度指示等，如图 6-11 所示。在状态栏右侧有四个按钮，用来实现数据库对象各种视图的切换。

图 6-11　状态栏

三、创建数据库

通过前面的学习，对 Access 2016 数据库有了初步的了解，下面就利用 Access 2016 的样本模板，来创建一个"教职员"数据库。操作步骤如下：

第一步：启动 Access 2016，在欢迎屏幕右侧模板窗口中选择"教职员"，在弹出的对话框的"文件名"文本框中设置数据库的文件名和存放的路径，如图 6-12 所示。

项目 6 数据库基础与 Access 2016

图 6-12 在欢迎屏幕中使用样本模板创建数据库"教职员"

第二步：设置好数据库文件名和路径后，单击图 6-12 中的"创建"按钮，系统将创建数据库"教职员"，并显示"教职员"数据库设计界面，如图 6-13 所示。

图 6-13 "教职员"数据库设计界面

在 Windows 中启动 Access 2016，进行如下操作：
（1）进行最大化、最小化 Access 2016 窗口操作。
（2）进行显示和隐藏 Access 2016 功能区操作。
（3）进行展开或折叠 Access 2016 导航窗格操作。
（4）使用样本模板创建"罗斯文"数据库，熟悉 Access 2016 的工作界面。
（5）创建一个空数据库。

任务6.3　Access 2016 数据表的操作

- 了解数据表的概念与结构。
- 掌握创建数据表的操作方法。
- 掌握修改数据表结构的方法。
- 掌握建立数据表之间关系的方法。
- 掌握编辑数据表数据的方法。
- 掌握查找、替换、排序、汇总统计数据表数据的方法。

① 了解数据表的结构。

② 使用直接输入数据的方法创建"系部"表，使用模板创建"班级"表，使用表设计器创建"学生"表。

③ 修改"学生"表、"课程"表和"教师"表的结构。

④ 建立"系部"与"班级"、"班级"与"学生"数据表之间的关系。

⑤ 向"班级"表和"学生"表中添加数据记录，删除"学生"表中的数据记录，修改"学生"表中的数据记录。

⑥ 查找"学生"表的数据，替换"学生"表的数据，对"学生"表的数据记录进行排序，对"学生"表的行进行汇总统计。

Access 2016 提供了表、查询、窗体、报表、宏、模块六种用来建立数据库系统的对象；提供了多种向导、生成器、模板，把数据存储、数据查询、界面设计、报表生成等操作规范化。其中，表是 Access 2016 中最基本的对象，是建立数据库管理系统的基础。

一、了解数据表

1. 表的概念

表是有关特定主题的信息所组成的集合，是存储和管理数据的基本对象。数据库中所有的数据都是按照不同的主题分别存放到不同的表中的。

在 Access 数据库中，表是整个数据库的基本单位，查询、窗体和报表等对象都是基于表而建立的，所以应合理设计表的结构，以便维护数据和方便用户操作。

2. 表的结构

表是由字段、记录、字段值、主关键字、外部关键字等元素构成的。

（1）字段

字段是指表中的列，它是一个独立的数据，用来描述某类主题的特征，即列的特性，每一列都有唯一的名字，称为字段名。例如，"学生"表中的学号、姓名、性别、出生日期等均为字段。

（2）记录

记录是指表中的行，它由若干个字段组成，用来描述现实世界中的某一个实体，记录反映了一个关系模式的全部属性数据。表中不允许出现完全相同的记录。

（3）字段值

字段值是指表中行与列交叉处的数据，它是数据库中最基本的存储单元，是数据库保存的原始数据，它的位置由该表的记录和字段共同确定。

（4）主关键字

主关键字是表中的一个或多个字段的组合，能唯一标识表中的一条记录，简称为主键。当一个主键使用多个列时，它又被称为复合键。

（5）外部关键字

外部关键字涉及两个表，用来建立两个表之间的关系。如"班级"表和"学生"表，其中一个表称为主表（班级），另一个表称为子表（学生），两个表的同名字段在主表中是主键，在子表中不是主键，在子表中称为外部关键字，简称为外键，外部关键字的取值要么为空，要么必须参照主表中主键的值。

3. 创建表的方法

创建表包括两个步骤：创建表的结构和向表中输入数据（值）。Access 2016 创建表的方法有多种，常用的方法有以下几种：

（1）直接输入数据

直接输入数据创建表的方法表示创建表时一般先不用确定表的结构，将数据直接输入到空表中，在保存新的数据表时，由系统分析数据并自动为每个字段指定适当的数据类型、大小和格式。

（2）使用模板

运用 Access 数据库提供的表模板创建与模板相似的表，这种方法比用其他方法更为方便和快捷。运用模板创建的数据表不一定完全符合要求，必须进行修改。

（3）使用设计视图

使用设计视图创建表是 Access 最常用、最灵活的一种创建表的方法。这种方法必须事先确定表结构的字段名称、数据类型及相关字段属性。

（4）导入或链接外部表

在 Access 2016 数据库中，还可以利用 Access 2016 提供的导入和链接功能从当前数据库的外部获取数据。使用导入功能可以把 Excel 电子表格、文本文件、XML 文件和 SharePoint 文件导入或链接到 Access 数据库中。

4. 字段的数据类型

在表中同一列数据必须具有相同的数据特征，这种特征称为字段的数据类型。表 6-4 列出了 Access 2016 可供使用的数据类型。

表 6-4　Access 2016 可用的数据类型

数据类型	所存储数据的类型	存储大小
短文本	字母、数字、字符	不超过 255 个字符或更少
长文本	字母、数字、字符	不超过 1 GB 字符或更少
数字	数字值	1、2、4 或 8 字节；对于同步复制 ID(GUID)为 16 字节
日期/时间	日期和时间数据	8 字节
货币	货币数据	8 字节
自动编号	自动编号增量	4 字节；对于同步复制 ID(GUID)为 16 字节
是/否	逻辑值：Yes/No、True/False	1 位
OLE 对象	图片、图表、声音、视频	最多 1 GB
超链接	指向 Internet 资源的链接	不超过 1 GB 字符
附件	一个特殊字段，可将外部文件附加到 Access 数据库中	因附件而异
查阅向导	显示另一个表中的数据	一般情况下为 4 字节

5. 表达式

表达式是由标识符、运算符、函数和参数、常量及值所组成的一个有意义的式子。任何一个表达式都有一个具体的值。下面介绍表达式的组成部分。

(1) 标识符

标识符是字段、属性或控件的名称。可在表达式中使用标识符来引用与字段、属性或控件关联的值。

(2) 运算符

Access 支持各种不同的运算符，包括常见的算术运算符、比较运算符、文本运算符、逻辑运算符及使用 Access 的其他特有运算符执行相关操作。

(3) 函数和参数

函数是可在表达式中使用的内置过程。使用函数可执行许多不同的操作，有些函数需要使用参数。参数是为函数提供输入的值。如果函数需要使用多个参数，则要使用逗号将参数分隔开。

(4) 常量

常量是指其值在 Access 运行期间不会改变的项。True、False 和 Null 常量经常在表达式中使用。也可以使用 VBA 代码定义自己的常量，以便在 VBA 过程中使用。VBA 是 Access 使用的编程语言，不能在用于表达式的自定义函数中使用 VBA 常量。

(5) 值

在表达式中可以使用文字值，如字符串"张志强"；也可以使用数值，数值可以是一系列数字，包括符号和小数点。使用文本字符串作为常量时，必须将其置于引号中，以确保 Access 能够正确解释它们。若要使用日期/时间值，需要用"#"号将值括起来。例如，#3-7-11#、#7-Mar-11#和#Mar-7-2011#都是有效的日期/时间值。

6. 运算符

表达式中常用的运算符包括算术运算符、比较运算符、连接运算符、逻辑运算符和特殊运算符等。表6-5列出了一些常用的运算符。

表6-5 常用的运算符

类型	运算符	含义	示例	结果
算术运算符	+	加	1+3	4
	−	减	4−1	3
	*	乘	3*4	12
	/	除	9/3	3
	^	乘方	3^2	9
	\	整除	17\4	4
	mod	取余	17 mod 4	1
比较运算符	=	等于	2=3	False
	>	大于	2>1	True
	>=	大于等于	3>=2	True
	<	小于	1<2	True
	<=	小于等于	6<=5	False
	<>	不等于	3<>6	True
连接运算符	&	字符串连接	"计算"&"机"	计算机
逻辑运算符	and	与	1<2 and 2>3	False
	or	或	1<2 or 2>3	True
	not	非	not 3>1	False

7. 字段的属性

字段的属性用于描述一个字段的特征或特性。表中的每个字段都有自己的一组属性，为字段设置属性可以进一步定义该字段。如图6-14所示为"学生"表中"性别"字段的属性窗口。

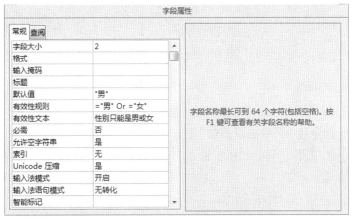

图6-14 "学生"表中"性别"字段的属性

8. Access 中表的关系

表之间的关系确定了两个表之间连接的方式。要连接的两个表必须具有同名字段,并且一个称为主表,另一个称为关联表(从表)。同名字段是主关键字的表为主表,同名字段是外部关键字的表为关联表。外部关键字一般为关联表中包含的主表的主关键字,一般在建立关系模式时就确定了外部关键字。通过外部关键字与主表的主关键字的值相匹配来连接两个表中的数据。

表和表之间的关系与实体之间的联系类似,分为一对一关系(1∶1)、一对多关系(1∶n)和多对多关系(m∶n)三种类型。

9. 索引

利用索引可以快速访问数据库表中的特定信息。在查询数据时,系统会根据用户查询数据的内容自动判断字段是否进行索引,如果字段索引系统使用索引进行查询,可提高数据的查询速度。索引分类主要有:主键索引、唯一索引和普通索引。

二、创建数据表

1. 使用直接输入数据的方法创建"系部"表

"系部"表的结构见表 6-6。

表 6-6 "系部"表的结构

字段名	数据类型	字段大小	约束
系部编号	短文本	4	主键
系部名称	短文本	30	非空
系部主任	短文本	8	

操作步骤如下:

第一步:启动 Access 2016,新建空白桌面数据库"学生管理",选择"创建"选项卡。

第二步:单击"创建"选项卡的"表格"组中的"表"按钮,系统自动创建一个包含数据类型为自动编号 ID 字段的表。因新建数据库时系统会自动创建一个名为"表 1"的表,所以再创建一个表,系统默认表的名称为"表 2",如图 6-15 所示。

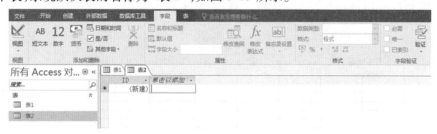

图 6-15 创建"表 2"

第三步:将光标定位在"单击以添加"下方单元格中,按照如图 6-16 所示的表记录输入"X001",按【Tab】键,在下一个单元格中输入"机械工程系",再按【Tab】键,在下一个单元格中输入"张志强"。

图 6-16 输入表数据记录的窗口

第四步：将光标移动到下一条记录，按相同的方法输入其他记录，如图 6-17 所示。

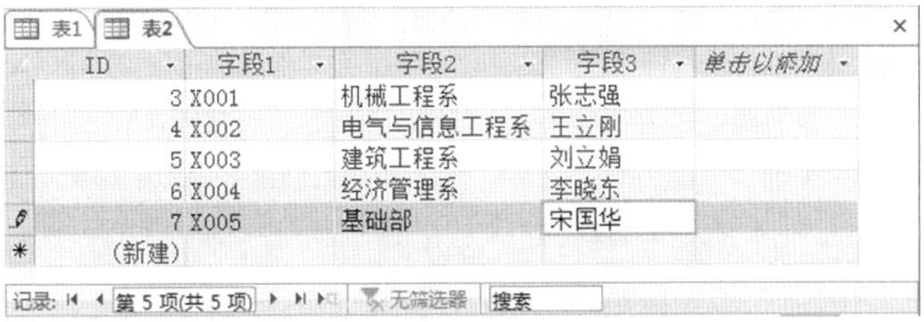

图 6-17 完成输入表数据记录的窗口

第五步：双击"字段 1"，进入字段名编辑状态，输入字段名"系部编号"。依次修改字段 2 为"系部名称"，字段 3 为"系部主任"。

第六步：选中"系部编号"列，在"表格工具—字段"选项卡的"属性"组和"格式"组中设置字段的"数据类型"为"短文本"，"字段大小"为 4。按照表 6-6 的要求，依次设置"系部名称""系部主任"列的字段属性。

第七步：单击快速访问工具栏中的"保存"按钮，弹出"另存为"对话框，输入表名"系部"，再单击"确定"按钮，如图 6-18 所示。

第八步：在"表格工具—字段"选项卡的"视图"组中单击"设计视图"下方的箭头，在下拉列表中选择"设计视图"，如图 6-19 所示。选择"系部编

图 6-18 "另存为"对话框

号"字段，在"表格工具—设计"选项卡的"工具"组中单击"主键"命名按钮，将"系部编号"字段设为主键，可以看到在"系部编号"字段名称的前面出现了一个金色的钥匙图标，如图 6-20 所示。再次保存即可。

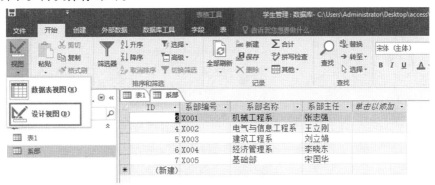

图 6-19 切换视图

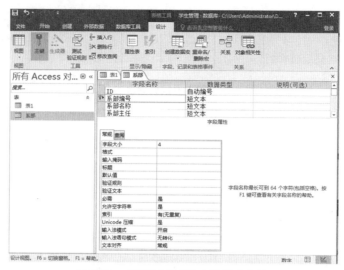

图 6-20 将"系部编号"字段设为主键

2. 使用模板创建"班级"表

"班级"表的结构如表 6-7 所示。

表 6-7 "班级"表的结构

字段名	数据类型	字段大小	约束
班级编号	短文本	4	主键
班级名称	短文本	30	非空
班导师	短文本	8	
系部编号	短文本	4	外键,与"系部"表的"系部编号"关联

操作步骤如下:

第一步:启动 Access 2016,打开"学生管理"数据库。

第二步:单击"创建"选项卡的"模板"组中的"应用程序部件"按钮下方的箭头,选择"快速入门"中的"联系人",如图 6-21 所示。

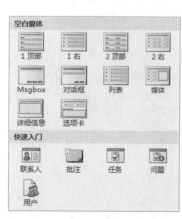

图 6-21 "应用程序部件"下拉列表

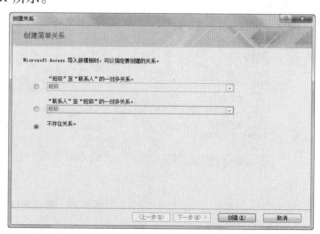

图 6-22 "创建关系"对话框

第三步:在弹出的"创建关系"对话框中可以选择"不存在关系",如图 6-22 所示。

第四步：单击"创建"按钮，系统自动创建与"联系人"模板应用程序相关的"联系人"表、查询、窗体和报表。

第五步：在导航窗格中选择不需要的查询、窗体以及报表（按【Ctrl】键，可选择多个），按【Delete】键删除，弹出删除确认对话框，如图6-23所示，在对话框中单击"是"按钮。

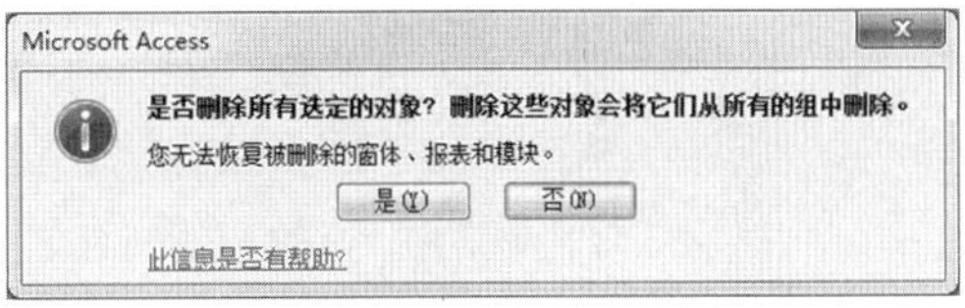

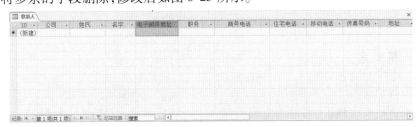

图6-23 删除确认对话框

第六步：在导航窗格中，双击"联系人"表，弹出"联系人"表的结构，如图6-24所示。参照表6-7的"班级"表的结构设置各字段的字段名、字段大小和字段类型，在字段名称上单击鼠标右键，在弹出的快捷菜单中选择"删除字段"命令，将多余的字段删除，修改后如图6-25所示。

图6-24 "联系人"表结构

第七步：单击快速访问工具栏中的"保存"按钮，关闭"联系人"表。在导航窗格中右击"联系人"，选择"重命名"命令，输入表名"班级"。至此"班级"表创建完成。

3. 使用表设计器创建"学生"表

表设计器是创建和修改表结构的一种可视化界面。使用表设计器创建表就是以

图6-25 修改后的"联系人"表结构

Access数据库提供的表设计视图为工作平台，引导用户通过人机交互来完成表的创建。使用直接输入数据创建的表和使用模板创建的表都要使用表设计器来修改表的结构。

"学生"表的结构见表6-8。

表6-8 "学生"表的结构

字段名	数据类型	字段大小	约束
学号	短文本	8	主键
姓名	短文本	8	唯一键
性别	短文本	2	限制为"男"或"女"
出生日期	日期/时间		
入学成绩	数字（整型）		
邮政编码	短文本	6	
班级编号	短文本	4	外键

操作步骤如下：

第一步：启动Access 2016，打开"学生管理"数据库。

第二步:单击"创建"选项卡的"表格"组中的"表设计"按钮,显示如图6-26所示的表设计器界面。

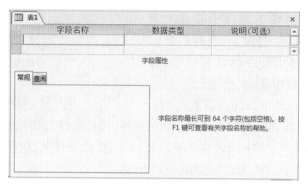

图6-26 表设计器界面

表设计器分为上下两大部分:

上半部分是表设计区(又称为表设计器),包括"字段名称""数据类型""说明"三列,分别用来定义表字段的名称、数据类型,说明该字段的特殊用途(注释)。

下半部分是字段属性区域,用来设置字段的属性。

第三步:单击表设计器上方第1行"字段名称"单元格,输入"学生"表的第1个字段名称"学号",单击第1行"数据类型"单元格右边的下拉列表按钮,在下拉列表中列出了Access支持的所有数据类型,选择"短文本",在下方字段属性窗格中设置"学号"的字段大小为8。

第四步:在表设计器中重复第三步,按"学生"表的结构(表6-8)依次输入其他字段的字段名称、数据类型和字段属性,设置完成后如图6-27所示。

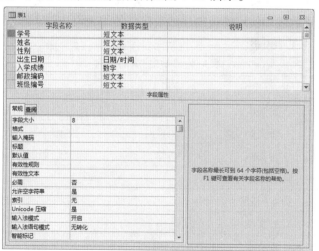

图6-27 "学生"表的结构

第五步:选择表设计器第2行,即"姓名",再单击表设计器下部字段属性中的"必需"下拉列表框,选择"是",如图6-28所示。

第六步：选择"性别"所在单元格,单击"默认值"属性框,输入""男""。单击"验证规则"属性框,输入表达式" ="男" Or ="女""。单击"验证文本"属性框,输入"性别只能是男或女",如图6-29所示。

图6-28　设置"姓名"字段的属性　　　　图6-29　设置"性别"字段的属性

第七步：选择"出生日期"所在单元格,单击"格式"属性框,选择"短日期"格式,完成"出生日期"属性的设置,如图6-30所示。

第八步：设置"学生"表的主键,选择"学号"所在行,单击"表格工具—设计"选项卡的"工具"组中的"主键"按钮,或者在"学号"上右击,在弹出的快捷菜单中选择"主键"命令,则在"学号"字段前出现钥匙图标,表示将"学号"字段设置为"学生"表的主键,如图6-31所示。

图6-30　设置"出生日期"字段的属性　　　图6-31　设置"学生"表的主键

第九步：单击快速访问工具栏上的"保存"按钮或关闭"表1",系统弹出"另存为"对话框,输入表名"学生",至此使用表设计器完成了"学生"表的创建。

三、修改表结构

1. 为"学生"表增加"身份证号码"字段

操作步骤如下：

第一步：启动 Access 2016，打开"学生管理"数据库。

第二步：在"学生管理"数据库工作界面中，在导航窗格中双击"学生"表，打开"学生"表的数据视图。

第三步：单击"开始"选项卡的"视图"组中的"视图"按钮下方的箭头，在下拉列表中选择"设计视图"，切换到表的设计视图窗口，如图 6-32 所示。

图 6-32　"学生"表的设计视图

第四步：在"学生"表的设计视图中，右击"班级编号"字段，在弹出的快捷菜单中选择"插入行"命令，则在"班级编号"字段的上方插入一个空白行，如图 6-33 所示。

 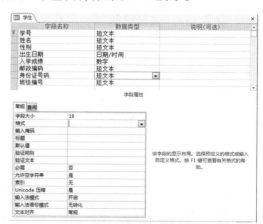

图 6-33　插入字段的设计视图效果　　**图 6-34　插入字段后的设计视图**

第五步：在空白行的"字段名称"处输入"身份证号码"，"数据类型"选择"短文本"。再单击下方字段属性的"常规"选项卡中的"字段大小"，将其改为 18，如图 6-34 所示。

2. 修改"学生"表字段的大小、类型和验证规则

针对"学生"表,修改"姓名"的字段大小为 10、"入学成绩"的数据类型为单精度型,并设置验证规则。

操作步骤如下:

第一步:在"学生"表的设计视图中,单击"姓名"字段,在下方的字段属性的"常规"选项卡中,设置"字段大小"为 10。

第二步:单击"入学成绩"字段,在下方的字段属性的"常规"选项卡中,单击"字段大小"右侧的下拉按钮,选择"单精度型"选项。再单击"验证规则",输入" >=0 And <=100"。在"小数位数"处输入"1",如图 6-35 所示。

图 6-35 "入学成绩"字段修改后的设计视图

3. 修改"课程"表的结构

为"课程"表增加字段"开课系部",数据类型为短文本,字段大小为 4;修改"课程名"的字段大小为 30、"学分"的数据类型为整型,并设置验证规则。

操作步骤如下:

第一步:在"学生管理"数据库工作界面中,在导航窗格中双击"课程"表,打开"课程"表的数据视图,单击"开始"选项卡的"视图"组中的"视图"按钮下方的箭头,在下拉列表中选择"设计视图",切换到表的设计视图窗口。

第二步:在"课程"表的设计视图中,右击"学分"字段,在弹出的快捷菜单中选择"插入行"命令,则在"学分"字段的上方插入一个空白行。

第三步:在空白行的"字段名称"处输入"开课系部","数据类型"选择"短文本"。再单击下方字段属性的"常规"选项卡中的"字段大小",将其改为 4,如图 6-36 所示。

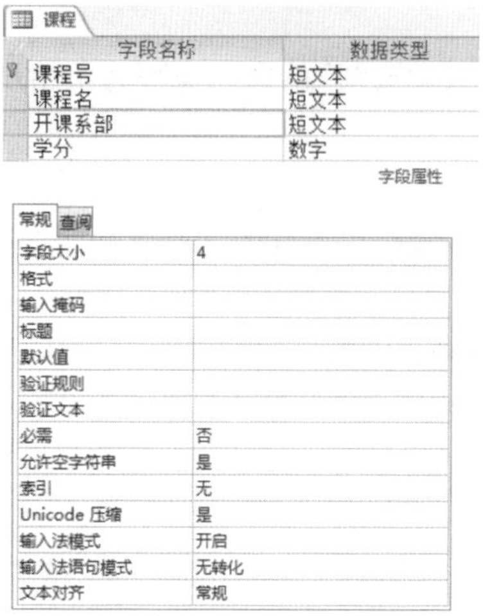

图 6-36　插入字段后的设计视图 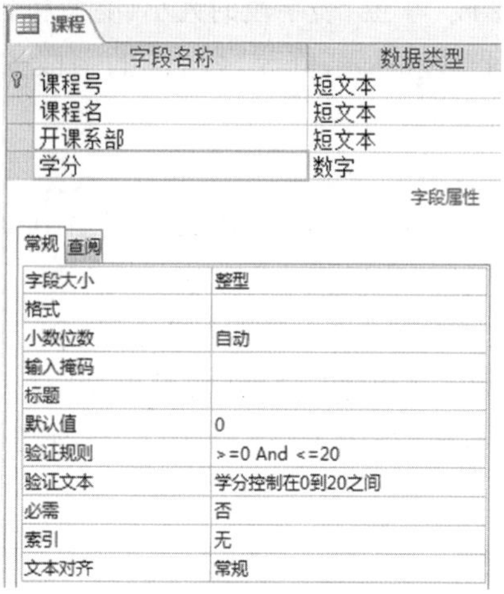　　　图 6-37　"学分"字段修改后的设计视图

第四步:在"课程"表的设计视图中,单击"课程名"字段,在下方的字段属性的"常规"选项卡中,设置"字段大小"为 30。

第五步:单击"学分"字段,在下方的字段属性的"常规"选项卡中,单击"字段大小"右侧的下拉按钮,在下拉列表中选择"整型"选项。再单击"验证规则",输入">=0 And <=20"。在"验证文本"处输入"学分控制在 0 到 20 之间",在"默认值"处输入"0",如图 6-37 所示。

四、建立数据表之间的关系

建立表之间的关系之后,用户不仅可以从单个表中获取数据,还可以通过表间的关系从多个表中获取更多的数据,并实施表之间的参照完整性级联,以保证数据的完整性。

在前面所建立的"学生管理"数据库中,"系部"表和"班级"表是一对多关系,通过"系部编号"建立关系,"班级"表和"学生"表是一对多关系,通过"班级编号"建立关系。下面建立"学生管理"数据库中表之间的关系并设置参照完整性。

操作步骤如下:

第一步:启动 Access 2016,打开"学生管理"数据库,单击"数据库工具"选项卡的"关系"组中的"关系"按钮,如图 6-38 所示。

图 6-38　"数据库工具"选项卡的"关系"按钮

第二步:在"关系工具—设计"选项卡的"关系"组中单击"显示表"按钮,弹出"显示表"对话框,单击"系部"表,按下【Ctrl】键,再单击"班级"表,如图 6-39 所示。

第三步:单击"添加"按钮,再单击"关闭"按钮,则选中的表添加到"关系"窗口中,如图 6-40 所示。

图 6-39 "显示表"对话框

图 6-40 添加表后的"关系"窗口

第四步:单击"系部"表的"系部编号"字段,并按下鼠标左键,拖动鼠标到"班级"表的"系部编号"字段上,松开左键,弹出"编辑关系"对话框,在对话框中选中"实施参照完整性""级联更新相关字段""级联删除相关记录"复选框,如图 6-41 所示。

第五步:在"编辑关系"对话框中,单击"联接类型"按钮,弹出"联接属性"对话框,选择两个表之间的联接类型,如图 6-42 所示。

图 6-41 "编辑关系"对话框

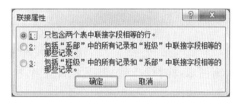

图 6-42 "联接属性"对话框

知 识 拓 展

"联接属性"对话框可以设置三种联接类型,分别是等值联接、左联接和右联接。
① 等值联接表示只包含两个表中联接字段相等的行。
② 左联接表示包含左表的所有记录和与右表联接字段相等的那些记录。
③ 右联接表示包含右表的所有记录和与左表联接字段相等的那些记录。

第六步:设置后单击"确定"按钮,返回"编辑关系"对话框,单击"确定"按钮,建立"系部"表和"班级"表之间的一对多关系,同时建立两个表之间的参照完整性规则,如图 6-43 所示。

第七步:重复以上步骤,建立"班级"表和"学生"表之间的一对多关系和参照完整性

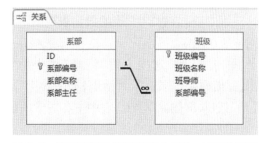

图 6-43 "系部"表和"班级"表之间的一对多关系图

规则。

五、编辑数据记录

在 Access 2016 中,数据表的基本操作包括添加记录、修改记录、删除记录、查找记录、筛选数据、数据排序等,这些基本操作都是通过数据表视图来实现的。下面实现对“学生管理”数据库中表记录的添加、修改和删除操作。

1. 向“班级”表和“学生”表中添加数据记录

操作步骤如下:

第一步:启动 Access 2016,打开“学生管理”数据库,在导航窗格中,双击“班级”表,打开“班级”表的数据表视图。

第二步:在“班级”表的数据表视图中,将光标定位到数据记录尾部的新记录位置,在“班级编号”“班级名称”“班导师”“系部编号”单元格处依次输入“1301”“会计 13-1”“于倩”“X004”,完成“班级”表数据记录的添加,结果如图 6-44 所示。

班级

班级编号	班级名称	班导师	系部编号	单击以添加
1211	城建12	张利	X003	
1212	建工12	张安平	X003	
1213	房地产12	杨德利	X003	
1214	装饰12	孙华山	X003	
1215	图形12	王磊	X003	
1216	商务12	闻清	X004	
1217	营销12	周笑笑	X004	
1218	商务日语12	刘文婷	X004	
1219	会计12-1	孙胜利	X004	
1220	会计12-2	孙胜利	X004	
1221	酒店12	段晓蕾	X004	
1301	会计13-1	于倩	X004	

记录: 第 22 项(共 22 项) 无筛选器 搜索

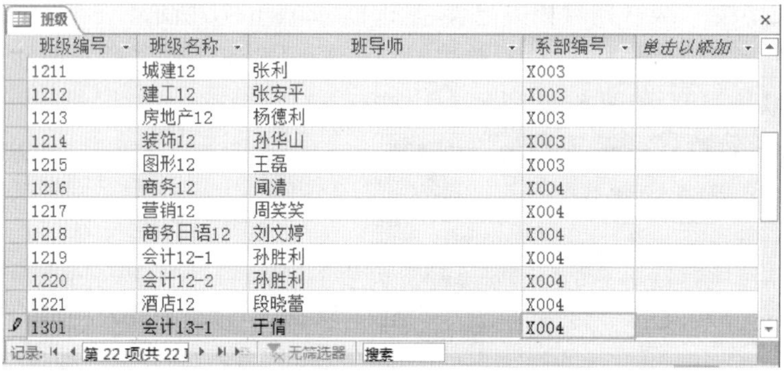

图 6-44　向“班级”表添加记录效果图

第三步:在“学生管理”数据库工作界面中,双击导航窗格中的“学生”表,打开“学生”表的数据表视图。

第四步:在“学生”表的数据表视图中,将光标定位到数据记录尾部的新记录位置,在“学号”“姓名”“性别”“出生日期”“入学成绩”“邮政编码”“班级编号”单元格处依次输入“20130001”“冷芳”“女”“1994/8/13”“425”“112301”“1301”,完成“学生”表数据记录的添加。

2. 删除“学生”表中的数据记录

下面实现从“学生”表中删除卞冬同学的信息。操作步骤如下:

第一步:打开“学生管理”数据库,在导航窗格中,双击“学生”表,打开“学生”表的数据表视图。

第二步:在“学生”表的数据表视图中,找到卞冬同学所在记录,单击记录前的图标选择所有数据记录,单击“开始”选项卡的“记录”组中的“删除”按钮,弹出删除记录提示对话框,如图 6-45 所示,单击“是”按钮,即删除“学生”表中卞冬同学的信息。

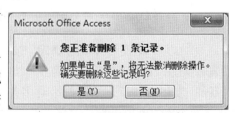

图 6-45　删除记录提示对话框

知识拓展

① 删除某条记录,还可在选择记录后,单击鼠标右键,在弹出的快捷菜单中选择"删除记录"命令。也可在选择记录后,按键盘上面的【Delete】键。

② 如果两个表建立了关系,在删除记录时,必须先删除与此表建立关系的数据表中相应的记录后,才能在本表中删除记录。

3. 修改"学生"表中的数据记录

"学生"表中陈金库同学的"出生日期"字段值"1994/6/3"输入错误,应为"1994/8/3",需要进行修改。操作步骤如下:

第一步:启动 Access 2016,打开"学生管理"数据库,在导航窗格中,双击"学生"表,打开"学生"表的数据表视图。

第二步:在"学生"表的数据表视图中,找到陈金库同学所在的数据记录行,将光标定位到"出生日期"字段,直接输入出生日期"1994/8/3"。由于出生日期字段的数据类型是日期/时间型字段,也可以单击该单元格后面的图标,在打开的日历表中选择日期,如图6-46所示。

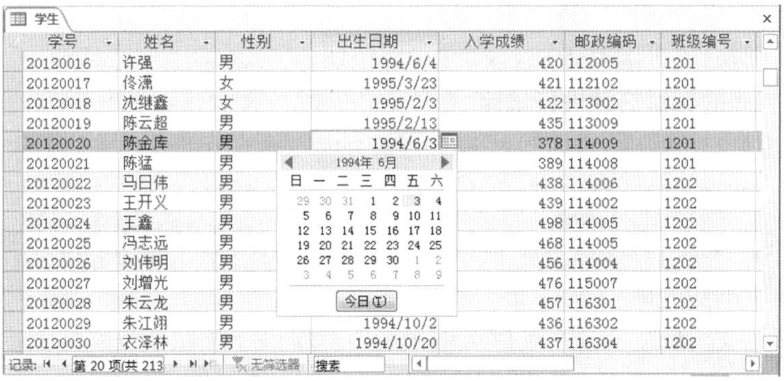

图 6-46 "日历表"列表框

六、数据表的其他操作

1. 查找"学生"表的数据

在操作数据表时,若数据表的记录比较多,使用浏览方式无法快速定位到用户所需求的数据,Access 2016 提供了查找功能,可以实现字段数据的快速定位。

下面将在"学生"表中查找"杨波",并将其修改为"杨博"。操作步骤如下:

第一步:启动 Access 2016,打开"学生管理"数据库,在导航窗格中,双击"学生"表,打开"学生"表的数据表视图。

第二步:在"学生"表的数据表视图中,在"数据表视图"下方的"记录导航条"的搜索文本框中输入"杨波",可以快速定位到杨波同学的记录上,如图6-47所示。这种搜索方式只适用于不重复的字段。

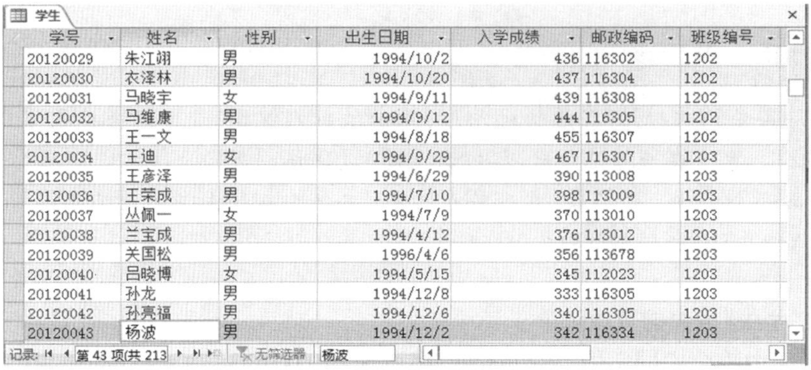

学号	姓名	性别	出生日期	入学成绩	邮政编码	班级编号
20120029	朱江翊	男	1994/10/2	436	116302	1202
20120030	衣泽林	男	1994/10/20	437	116304	1202
20120031	马晓宇	女	1994/9/11	439	116308	1202
20120032	马维康	男	1994/9/12	444	116305	1202
20120033	王一文	男	1994/8/18	455	116307	1202
20120034	王迪	女	1994/9/29	467	116307	1203
20120035	王彦泽	男	1994/6/29	390	113008	1203
20120036	王荣成	男	1994/7/10	398	113009	1203
20120037	丛佩一	女	1994/7/9	370	113010	1203
20120038	兰宝成	男	1994/4/12	376	113012	1203
20120039	关国松	男	1996/4/6	356	113678	1203
20120040	吕晓博	女	1994/5/15	345	112023	1203
20120041	孙龙	男	1994/12/8	333	116305	1203
20120042	孙亮福	男	1994/12/6	340	116305	1203
20120043	杨波	男	1994/12/2	342	116334	1203

记录: 第 43 项(共 213 项) 无筛选器 杨波

图 6-47 “搜索”定位的结果

第三步:除了上述搜索定位之外,Access 2016 还提供了与 Excel 功能相同的查找定位。在“学生”表的数据表视图中,单击“开始”选项卡的“查找”组中的“查找”按钮,弹出“查找和替换”对话框,如图 6-48 所示。

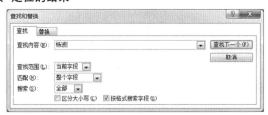

图 6-48 “查找和替换”对话框

第四步:在“查找内容”中输入“杨波”,再单击“查找下一个”按钮,查找的结果反白显示,若要继续查找,可再次单击“查找下一个”按钮。

2. 对“学生”表的数据记录进行排序

排序可以按单字段排序,也可以按组合字段排序,单字段的排序有升序排序(按字段值由小到大排序)和降序排序(按字段值由大到小排序)。当按组合字段排序时,先根据第一个字段按照指定的顺序(升序或降序)进行排序,当第一个字段具有相同的值时,再按照第二个字段进行排序,依此类推。

下面将对“学生”表按“姓名”字段实现单字段升序排序。操作步骤如下:

第一步:启动 Access 2016,打开“学生管理”数据库,在导航窗格中,双击“学生”表,打开“学生”表的数据表视图。

第二步:在“学生”表的数据表视图中,单击“姓名”字段名称右侧的下三角按钮,在打开的下拉列表框中选择“升序”,如图 6-49 所示。除了以上方法实现排序外,还可以将光标定位于“姓名”列,再单击“开始”选项卡的“排序和筛选”组中的“升序”按钮,如图 6-50 所示。

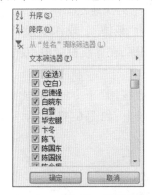

图 6-49 字段的下拉列表框

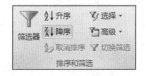

图 6-50 “排序和筛选”组

3. 对"学生"表的行进行汇总统计

在数据库系统中,经常要用到汇总统计功能,如统计班级总数和入学成绩的平均分等。显示汇总行时可以对数字类型的字段显示合计、平均值、计数、方差、最大值、最小值、标准偏差等。对文本数据类型的字段只能进行计数计算,对日期数据类型的字段能显示平均值、计数、最大值和最小值。

下面将使用 Access 2016 汇总统计功能计算"学生"表的总人数和"入学成绩"的平均分。操作步骤如下:

第一步:启动 Access 2016,打开"学生管理"数据库,在导航窗格中,双击打开"学生"表。

第二步:在"开始"选项卡的"记录"组中,单击"Σ合计"按钮,在"学生"表的最下面出现一个空的汇总行,如图 6-51 所示。

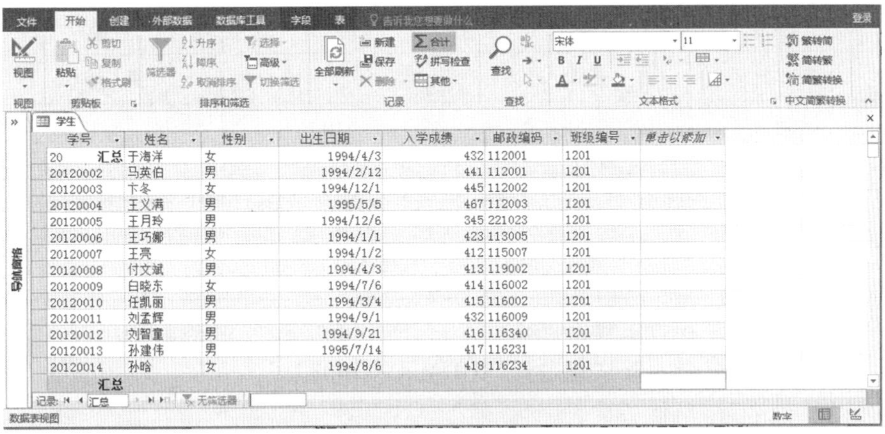

图 6-51 生成汇总行

第三步:单击"学号"列汇总行的单元格,再单击该单元格右侧的下三角,在下拉列表中选择"计数",得到学生的总人数。

第四步:单击"入学成绩"列汇总行的单元格,再单击该单元格右侧的下三角,在下拉列表中选择"平均值",得到学生的入学成绩的平均分,结果如图 6-52 所示。

图 6-52 汇总统计的结果

在 D 盘根目录下,建立"人事管理"数据库文件,并在其中建立"教师"表,表结构如表 6-9 所示。

表 6-9 "教师"表结构

字段名称	数据类型	字段大小	格式
编号	短文本	5	
姓名	短文本	8	
性别	短文本	2	
年龄	数字		整型
工作时间	日期/时间		短日期
学历	短文本	10	
职称	短文本	10	
联系电话	短文本	8	
在职否	是/否		

(1)设置"编号"字段为主键。
(2)设置"年龄"字段的验证规则为">0 And <100"。
(3)设置"姓名"字段值必填。
(4)设置"职称"字段的默认值属性为"讲师"。
(5)增加一个字段"家庭住址",数据类型为短文本,字段大小为 255。
(6)在"教师"表中输入如图 6-53 所示的两条记录。

编号	姓名	性别	年龄	工作时间	学历	职称	联系电话
77012	郝海为	男	67	1962-12-8	本科	教授	65976670
92016	李丽	女	32	1992-9-3	研究生	讲师	65976444

图 6-53 新增加的记录

任务 6.4　数据表的查询

- 了解查询的类型和创建方法。
- 掌握使用查询向导进行数据查询的方法。
- 重点掌握使用查询设计器进行数据查询的方法。

- 熟悉查询的统计计算方法。

① 使用简单查询向导查询"班级"表的所有字段信息。
② 使用查询设计器查询"网络12"班的学生信息。
③ 在"教师"表中按职称统计平均工资。

查询是从 Access 的数据表中检索数据最主要的方法。实际上查询就是收集一个或几个表中认为有用的字段的工具,可以将查询到的数据组成一个集合,这个集合中的字段可能来自同一个表,也可能来自多个不同的表,这个集合就称为查询。

一、使用简单查询向导创建单表查询

下面利用简单查询向导创建一个最简单的选择查询:查询"班级"表的所有字段信息。操作步骤如下:

第一步:启动 Access 2016,打开"Access 素材"文件夹中的"学生管理"数据库。

第二步:在"学生管理"数据库工作界面选择"创建"选项卡,在"查询"组中单击"查询向导"按钮,打开"新建查询"对话框,如图 6-54 所示。

图 6-54 "新建查询"对话框　　　　图 6-55 "简单查询向导"对话框

第三步:在"新建查询"对话框中选择"简单查询向导"选项,单击"确定"按钮,打开"简单查询向导"对话框。在"表/查询"下拉列表框中选择"表:班级"作为查询的数据源,此时"可用字段"列表框中显示"班级"表的所有字段,如图 6-55 所示。

第四步:单击" 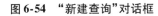 "按钮,将"可用字段"列表框中的所有字段移到"选定字段"列表框中,如图 6-56 所示。

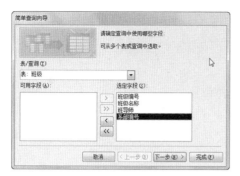

图 6-56 选定字段

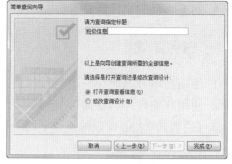

图 6-57 为查询指定标题

第五步:单击"下一步"按钮,打开如图 6-57 所示的对话框。在此对话框中输入查询的标题"班级信息",即该查询的名字,并选中"打开查询查看信息"单选按钮。

第六步:单击"完成"按钮,结束创建查询的操作。浏览窗口中显示查询结果,如图 6-58 所示。

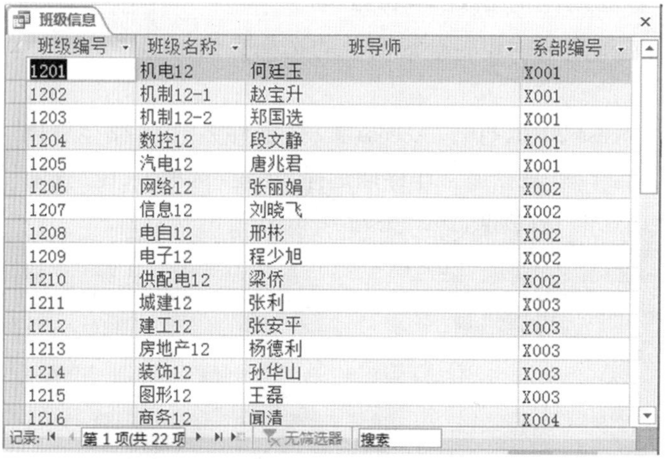

班级信息

班级编号	班级名称	班导师	系部编号
1201	机电12	何廷玉	X001
1202	机制12-1	赵宝升	X001
1203	机制12-2	郑国选	X001
1204	数控12	段文静	X001
1205	汽电12	唐兆君	X001
1206	网络12	张丽娟	X002
1207	信息12	刘晓飞	X002
1208	电自12	邢彬	X002
1209	电子12	程少旭	X002
1210	供配电12	梁侨	X002
1211	城建12	张利	X003
1212	建工12	张安平	X003
1213	房地产12	杨德利	X003
1214	装饰12	孙华山	X003
1215	图形12	王磊	X003
1216	商务12	闻清	X004

记录: 第 1 项(共 22 项) 无筛选器 搜索

图 6-58 "班级信息"查询的运行结果界面

第七步:关闭浏览窗口,在"数据库"窗口中可以看到新建的"班级信息"查询对象。

第八步:在数据库工作界面中,双击"班级信息"查询,即可运行查询,也可得到如图 6-58 所示的查询结果。

二、使用查询设计器建立查询

创建查询"网络 12"班学生信息的选择查询。

下面利用查询设计器创建查询"网络 12"班学生信息的基于多表的复杂查询。查询要求中"网络 12"是"班级名称"字段的值,这个字段位于"班级"表,未包含在"学生"表中。"班级"表和"学生"表之间是一对多关系,联系字段是"班级编号",根据这个关系,来实现查询"网络 12"班学生的信息。

首先利用查询设计器创建一个基于"班级"表和"学生"表的查询,然后再为"班级名称"字段设置条件。操作步骤如下:

第一步:启动 Access 2016,打开"学生管理"数据库。

第二步:在"学生管理"数据库工作界面的功能区选择"创建"选项卡,在"查询"组中单击"查询设计"按钮,打开查询设计窗口,同时打开"显示表"对话框,如图6-59所示。

图6-59 带"显示表"对话框的查询设计窗口

第三步:在"显示表"对话框中,分别将"班级"表和"学生"表添加到查询设计窗口中,两个表之间的一对多关系自动添加到查询设计窗口中,此时查询处于设计视图,如图6-60所示。

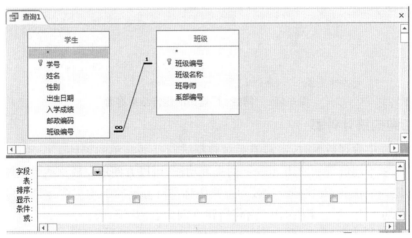

图6-60 将"学生"表和"班级"表添加到查询设计窗口

第四步:关闭"显示表"对话框,返回查询设计窗口。

第五步:在"查询设计"窗口上方的对象窗格中,选择"学生"表字段列表中的"＊",将"学生"表的所有字段拖到下方的设计网格的字段列表框内,再将"班级"表的"班级名称"字段拖到设计网格的字段列表框中,如图6-61所示。

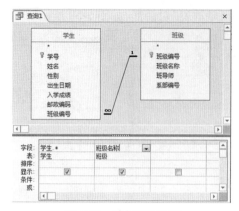

图 6-61 选择所需字段

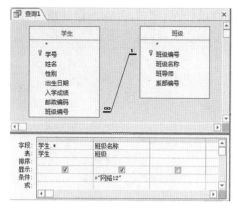

图 6-62 给“班级名称”字段设置条件

第六步:在“查询设计”窗口下方的设计网格中,给“班级名称”字段设置条件,在该字段对应条件文本框中直接输入查询条件“ ="网络 12"”,如图 6-62 所示,或者利用表达式生成器输入查询条件。

第七步:在数据库工作界面功能区中,单击“查询工具—设计”选项卡的“结果”组中的“运行”按钮,结果如图 6-63 所示。保存查询,命名为“网络 12”,结束查询的创建。

学号	姓名	性别	出生日期	入学成绩	邮政编码	班级编号	班级名称
20120074	郝玉孝	男	1994/6/14	388	116348	1206	网络12
20120075	田野	男	1994/6/21	377	116348	1206	网络12
20120076	乔恩驰	女	1994/7/23	366	116349	1206	网络12
20120077	刘逸	女	1994/7/12	367	116050	1206	网络12
20120078	刘智超	男	1994/7/29	455	116343	1206	网络12
20120079	闫琦	女	1994/7/24	466	116043	1206	网络12
20120080	张志远	男	1994/7/18	487	116344	1206	网络12
20120081	张昊	男	1994/3/5	477	116045	1206	网络12
20120082	张欣哲	男	1994/3/16	486	116300	1206	网络12
20120083	张琦	男	1994/3/16	485	116302	1206	网络12
20120084	李征	男	1994/6/16	457	116303	1206	网络12

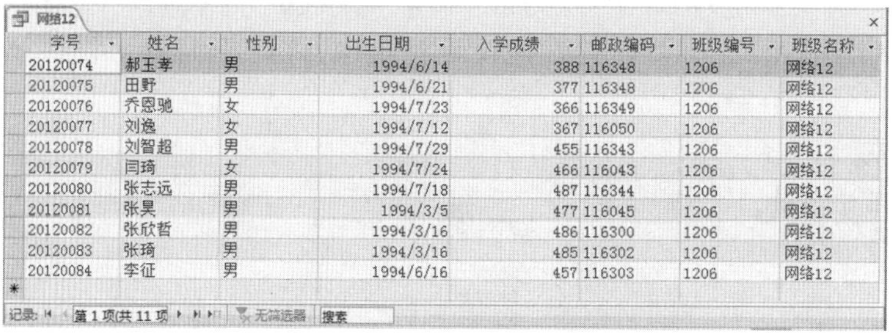

图 6-63 “网络 12”查询的运行结果界面

三、查询的统计计算

在实际工作中管理数据时,常常需要对数据进行一些简单的统计工作,如计数、求最大值、求最小值、求平均值等。使用 Access 的查询功能,可以方便地完成这些数据统计工作。

下面创建一个查询,查找并统计教师按照职称进行分类的平均工资,然后显示出标题为“职称”和“平均工资”两个字段的内容,将所建查询命名为“统计”。

操作步骤如下:

第一步:启动 Access 2016,打开“Access 素材”文件夹中的“学生管理”数据库。

第二步:在“学生管理”数据库工作界面的功能区,选择“创建”选项卡,在“查询”组中单击“查询设计”按钮,打开查询设计窗口,同时打开“显示表”对话框。

第三步:在“显示表”对话框中,将“教师”表添加到查询设计窗口中,关闭“显示表”对话框,在查询设计窗口中定义查询所需要的字段,如图 6-64 所示。

项目6 数据库基础与Access 2016

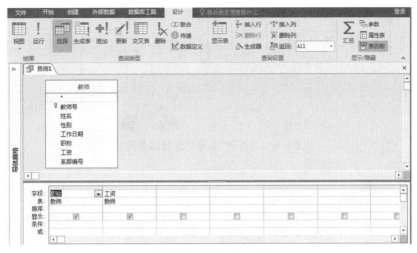

图 6-64 查询设计窗口

第四步:在数据库功能区的"查询工具—设计"选项卡的"显示/隐藏"组中单击"∑汇总"按钮,在查询设计窗口的设计网格中添加了"总计"行,如图6-65所示。在查询设计窗口添加"总计"行后,Access将提供12个选项供用户选择。在"总计"行选择不同的统计方式,运行查询时即可得到需要的统计数据。常用统计选项的功能如下:

- "Group By"选项:指定对数据分组的依据。该选项是默认的"总计"行选项。
- "合计"选项:计算对应数据项的和。
- "平均值"选项:计算对应数据项的算术平均值。
- "最小值"选项:返回对应数据项的最小值。
- "最大值"选项:返回对应数据项的最大值。
- "计数"选项:返回行的个数。

图 6-65 添加了"总计"行的设计网格

第五步:在"职称"字段对应的"总计"行中选择"Group By","在工资"字段对应的"总计"行中选择"平均值",在"工资"字段对应的"字段"行中输入"平均工资:工资",其中冒号前的"平均工资"是显示标题,冒号后的"工资"是查询的字段,如图6-66所示。

图 6-66 设置"总计"行的统计方式

第六步:以"统计"为查询名保存查询,在数据库功能区的"查询工具—设计"选项卡的

"结果"组中单击"运行"按钮,查询的运行结果如图 6-67 所示。

图 6-67 "统计"查询的运行结果界面

打开"Access 素材\任务巩固"文件夹中的"图书销售"数据库,进行以下操作:

(1) 基于"供应商"表,使用"简单查询向导"创建一个选择查询,查询"供应商"表所有字段的信息,将该查询命名为"供应商信息"。

(2) 使用"简单查询向导"创建一个选择查询,查询出版社的"出版社名称""出版社地址""联系电话",将该查询命名为"出版社部分信息"。

(3) 使用查询设计器创建一个基于单表的带条件的选择查询,查询所在城市是北京的供应商信息,将该查询命名为"北京供应商"。

(4) 使用查询设计器创建一个基于多表的带条件的选择查询,查询图书名称为"计算机应用基础"的出版社信息,将该查询命名为"图书出版社信息"。

(5) 创建一个查询,查找并统计图书按照出版社名称进行分类的平均销售数量,然后显示出标题为"出版社名称"和"平均销售数量"两个字段的内容,将所建查询命名为"统计销售数量"。

项目实战

1. 在 D 盘根目录下新建名为"档案"的文件夹,在该文件夹下创建名为"授课情况"的数据库,按下列要求进行操作:

(1) 在"授课情况"数据库中创建"教师"表、"课程"表和"授课"表,各表的结构分别如表 6-10、表 6-11、表 6-12 所示。

表 6-10 "教师"表的结构

字段名称	数据类型	字段大小	约束
职工号	短文本	4	主键
姓名	短文本	8	
性别	短文本	2	
出生年月	日期/时间		
进校时间	日期/时间		

续表

字段名称	数据类型	字段大小	约束
职称	短文本	10	
工资	货币		
联系电话	短文本	11	

表 6-11 "课程"表的结构

字段名称	数据类型	字段大小	约束
课程编号	短文本	8	主键
课程名称	短文本	30	
学分	数字	整型	
开课学期	短文本	6	
课程类别	短文本	8	

表 6-12 "授课"表的结构

字段名称	数据类型	字段大小	约束
授课编号	短文本	8	主键
课程编号	短文本	8	
职工号	短文本	4	
授课学期	短文本	20	

（2）建立"授课情况"数据库表之间的关系，其中一名教师可以教授多门课程，一门课程可被多名教师教授，并设置关系的参照完整性规则为"级联更新"和"级联删除"。

（3）请按以下操作要求，完成表的编辑：

① 设置"性别"字段的"验证规则"为"'男'或'女'"。

② 设置"进校时间"字段的默认值为"系统当前日期"。

③ 设置"出生年月"字段为短日期格式。

④ 将"职称"字段值的输入设置为"教授""副教授""高级讲师""讲师""助理讲师"列表选择，将"课程类别"字段的输入设置为"公共课""专业课""实验课"列表选择。

⑤ 在"教师"表、"课程"表和"授课"表中手动添加若干条记录，记录的值自定。

（4）在"教师"表中，汇总统计出职工的总人数、工资的平均值。

（5）基于"课程"表和"教师"表，查询"职称"为"教授"、"课程类别"为"公共课"的所有教师的工资总额，要求输出职工号、姓名、职称、课程类别、工资总额，将查询结果保存为"Q1"。

（6）保存数据库。

2. 打开"Access 素材\项目实战\2"文件夹中的"学生成绩"数据库，数据库包括"学生"表 S（学号 SNO，姓名 SNAME，系别 DEPART，性别 SEX，出生日期 DDATE）、"课程"表 C（课程编号 CNO，课程名称 CNAME）和"成绩"表 SC（学号 SNO，课程编号 CNO，成绩 GRADE），按下列要求进行操作：

（1）复制 S 表,并命名为"S1"。

（2）在 S1 表中,删除字段 DDATE。

（3）基于 S 表,查询"计算机"系的学生记录,要求输出全部字段,将查询结果保存为"Q1"。

（4）基于 S 和 SC 表,查询所有成绩优良（GRADE≥80）的学生名单,要求输出 SNO、SNAME、优良门数,将查询结果保存为"Q2"。

（5）保存数据库。

3. 打开"Access 素材\项目实战\3"文件夹中的"教学管理"数据库,数据库包括"学生"表 S（学号 SNO,姓名 SNAME,系名 DEPART,性别 SEX,出生日期 DDATE）、"课程"表 C（课程编号 CNO,课程名称 CNAME）、"成绩"表 SC（学号 SNO,课程编号 CNO,成绩 GRADE）和"教师"表 T（工号 TNO,姓名 TNAME,职称 ZC,系名 DEPART,性别 SEX）,按下列要求进行操作：

（1）复制 T 表,并命名为"T1"。

（2）在 T1 表中,删除字段 SEX。

（3）根据 T 表,查询所有职称为"副教授"的教师记录,要求输出全部字段,将查询结果保存为"Q1"。

（4）根据 S 和 SC 表,查询学生不及格（GRADE＜60）的课程门数,要求输出 SNO、SNAME、不及格门数,将查询结果保存为"Q2"。

（5）保存数据库。

4. 打开"Access 素材\项目实战\4"文件夹中的"教学管理"数据库,数据库包括"学生"表 S（学号 SNO,姓名 SNAME,系名 DEPART,性别 SEX,出生日期 DDATE）、"课程"表 C（课程编号 CNO,课程名称 CNAME）、"成绩"表 SC（学号 SNO,课程编号 CNO,成绩 GRADE）和"教师"表 T（工号 TNO,姓名 TNAME,职称 ZC,系名 DEPART,性别 SEX）,按下列要求进行操作：

（1）复制 T 表,并命名为"T1"。

（2）在 T1 表中,增加工资字段"GZ",字段类型为"货币"。

（3）根据 T 表,查询所有具有"教授"职称的老师名单,要求输出 TNO、TNAME 字段,并将查询结果保存为"Q1"。

（4）根据 T 表,查询所有系各类职称人数,要求输出 DEPART、ZC、人数,并按 DEPART 及 ZC 升序排序,将查询结果保存为"Q2"。

（5）保存数据库。

5. 打开"Access 素材\项目实战\5"文件夹中的"教学管理"数据库,数据库包括"学生"表 S（学号 SNO,姓名 SNAME,系名 DEPART,性别 SEX,出生日期 DDATE）、"课程"表 C（课程编号 CNO,课程名称 CNAME）、"成绩"表 SC（学号 SNO,课程编号 CNO,成绩 GRADE）和"教师"表 T（工号 TNO,姓名 TNAME,职称 ZC,系名 DEPART,性别 SEX）,按下列要求进行操作：

（1）复制 C 表,并命名为"C1"。

（2）在 C1 表中,增加记录：CNO 为"ME235",CNAME 为"Access 数据库"。

(3)根据 T 表,查询所有女教师记录,要求输出全部字段,将查询结果保存为"Q1"。

(4)根据 C 和 SC 表,查询各课程均分,要求输出 CNO、CNAME、均分,并按 CNO 升序排序,将查询结果保存为"Q2"。

(5)保存数据库。

6. 打开"Access 素材\项目实战\6"文件夹中的"教学管理"数据库,数据库包括"学生"表 S(学号 SNO,姓名 SNAME,系名 DEPART,性别 SEX,出生日期 DDATE)、"课程"表 C(课程编号 CNO,课程名称 CNAME)、"成绩"表 SC(学号 SNO,课程编号 CNO,成绩 GRADE)和"教师"表 T(工号 TNO,姓名 TNAME,职称 ZC,系名 DEPART,性别 SEX),按下列要求进行操作:

(1)在 T 表中,增加年龄字段"NL",字段类型为数字、整型。

(2)在 SC 表中,增加记录,其各字段值依次为"A003""ME234""80"。

(3)根据 S、C 和 SC 表,查询所有不及格(成绩<60)学生的成绩,要求输出 SNO、SNAME、CNAME、GRADE,并按成绩降序排序,将查询结果保存为"Q1"。

(4)根据 T 表,查询各系教师人数,要求输出 DEPART、教师人数,将查询结果保存为"Q2"。

(5)保存数据库。